P9-DMZ-331

EN LA MENTE DE
LOS SUPERHÉROES

JUAN SCALITER
MANUEL CUADRADO

EN LA MENTE DE
LOS SUPERHÉROES

MA
NON
TROPPO

Un sello de Ediciones Robinbook
Información bibliográfica
C/ Industria, 11 (Pol. Ind. Buvisa)
08329 - Teià (Barcelona)
e-mail: info@robinbook.com
www.robinbook.com

Diseño de cubierta: Regina Richling
Imagen de cubierta: iStockphoto
Diseño interior: Paco Murcia
ISBN: 978-84-15256-39-7
Depósito legal: B-11.915-2.013
Impreso por Sagrafic, Plaza Urquinaona, 14 7º 3ª, 08010 Barcelona

Impreso en España - *Printed in Spain*

Agradecemos la autorización para reproducir las imágenes de este libro a las agencias
consultadas y lamentamos aquellos casos en que, pese a los esfuerzos realizados, ha sido
imposible contactar.

ÍNDICE

INTRODUCCIÓN

Érase una vez un hombre con una cabeza tan grande como una calabaza. Érase una vez un hombre cuya genialidad le llevó a asumir que la inteligencia debía ir acorde con el tamaño *relativo* del cráneo y para demostrar que talla de sombrero y agudeza mental guardan alguna relación, sentó las bases de la anatomía comparada y se convirtió en uno de los genios más valorados en su nación. También demostró la posibilidad de que una especie entera se extinga. Tantos logros le hicieron merecer un título nobiliario. Eran tiempos en que a los científicos se les reconocía con esas distinciones (cuando esas distinciones pesaban más).

En la época de Cuvier (principios del siglo XIX), la idea imperante era que cuanto más grande el cerebro, mayor la inteligencia, pero el barón le dio la vuelta, proponiendo que se debía comparar el cerebro dentro de cada especie para llegar a un resultado ecuánime. Por cierto, su cerebro tamaño calabaza estuvo de acuerdo con sus ideas, ya que pesó cerca de 1.800 gramos: un 10% más que el promedio.

El problema es que con el tiempo se examinaron las seseras de otros genios y las cuentas no daban: la de Einstein apenas si llegó a los 1.200 gramos. Pero su análisis reveló una nueva teoría: quizás las luminarias no debían su intelecto al tamaño del conjunto, sino al de algunas de sus partes. Einstein tenía una mayor densidad de neuronas en la corteza prefrontal. Así, lo apretadas que estén las neuronas en ciertas regiones podía dar una clave.

Pero la relatividad iba a meter baza, pues existía también otra opción: las circunvoluciones, los pliegues del cerebro, tenían mucho que decir. Los monos pequeños, los más alejados de nosotros en términos evolutivos, tienen un cerebro con menos arrugas y, a medida que nos acercamos a nuestros parientes próximos, el cerebro va acumulando pliegues hasta alcanzar su máximo en los humanos. Al menos en los adultos porque los recién nacidos tienen pocas dobleces en la corteza cerebral y solo las obtienen a medida que se desarrollan.

Entonces, ¿lo que nos hace inteligentes son los pliegues? Pues va a ser que no. En 1980, científicos ingleses analizaron el cerebro de un joven cuyo cociente intelectual era 126 (lo que marca una inteligencia muy superior, pues el promedio estaría en 100). El muchacho había obtenido varios premios universitarios en matemáticas. Era un lince... pero su cerebro rondaba los 140 gramos, diez veces menos que el de quien está leyendo esto. El cráneo del chico estaba inundado de ideas brillantes, pero también de agua. Sufría una enfermedad llamada hidrocefalia, literalmente *cabeza de agua*. Aún así, era un genio.

Apenas si hemos comenzado a explorar qué es la inteligencia, dónde yace el talento, qué causa ciertos trastornos y cómo se producen determinadas enfermedades neurodegenerativas. El cerebro es una *terra incognita* para la ciencia, un territorio inexplorado. No es extraño que, en un mismo año, la Unión Europea invierta mil millones de euros para crear un modelo de nuestra mente y que el presidente de Estados Unidos destine cien millones de dólares para desvelar sus secretos más íntimos (los del cerebro). Estamos entrando en la década del cerebro, y la creación de un esquema pormenorizado que recree todas sus conexiones servirá para ver cómo actúan nuevos fármacos o de qué modo surgen ciertos trastornos en la personalidad. También permitirá detectar a tiempo los primeros ataques de las enfermedades neurodegenerativas.

Gracias a su popularidad, los superhéroes se convirtieron muy pronto en modelos de todas las opciones que podía abarcar un cerebro. Ellos reflejaban las distintas personalidades y capacidades que describen nuestra sociedad: desde la más vil de las maldades, como Carnage, hasta el sacrificio por el bien común que asume Silver Surfer, pasando por la genialidad de Reed Richards o explorando la posibilidad de un cerebro artificial como Deathlock.

¿Qué convierte a un cerebro en sociópata, a otro en genio y a un tercero en insensible al dolor? ¿Hay tanta diferencia entre ellos? A través de reconocidos personajes, superhéroes y villanos, este libro explica la física y química de la mente que cualquiera podría tener. Y finalmente explora la posibilidad de trasplantar neuronas, crear un cerebro artificial y hacer que un robot se enamore. Son los científicos quienes contestan a estas incógnitas. Y la respuesta, a menudo, resulta sorprendente.

Los autores confiamos en que estas páginas estén llenas de sorpresas estimulantes al menos para un cerebro: el tuyo.

Parte 1

LAS EMOCIONES EN EL CEREBRO DE LOS SUPERHÉROES

Instintos básicos en almendras amargas

Los superhéroes, los supervillanos, los lectores de cómics y el resto de ciudadanos —con independencia de sus poderes—, serían capaces de elaborar tan solo seis sentimientos primarios: miedo, tristeza, ira, disgusto, sorpresa y placer. Esos pilares emocionales brotan de dos manojos simétricos de neuronas denominadas «cerebro visceral» o amígdalas (por su forma de almendra), desde donde se despliegan las seis emociones básicas. Puesto que cuatro de ellas son abiertamente desagradables, parece que el cerebro alberga una almendra amarga… que sin embargo también puede dar muchas satisfacciones.

Las emociones desempeñan un papel crucial. Todas ellas tendrían un sentido, en términos evolutivos, para la supervivencia y propagación del individuo. Gracias a las emociones podemos dominar, defendernos, relacionarnos, reproducirnos, aprender, conseguir recompensas o evitar peligros.

Desde lo hondo del cerebro las amígdalas controlan los sentimientos y principios más íntimos, lo que configura la personalidad particular. Pero incluso ahí dentro estarían expuestas a que se las afecte por procedimientos bioquímicos (hormonas), físicos (radiación) o quirúrgicos (anulación). Superhéroes y supervillanos sufren este tipo de alteraciones. Habrá que confiar en que no le ocurra lo mismo a los lectores de cómics.

SUSAN STORM

La vida de esta heroína está signada por el amor desde su más tierno inicio. A poco de nacer Susan, su madre muere en un accidente de coche mientras su padre conducía. Abrumado por la culpa, el progenitor se dedica a una vida disipada dominada por el alcohol y el juego, que termina condenándolo a la cárcel.

Siendo apenas una adolescente, Susan debe convertirse en madre y padre de su hermano Johnny (la Antorcha Humana). Y es entonces, en plena ebullición hormonal, cuando conoce al que será el amor de su vida: Reed Richards, alias Hombre Fantástico. Pasarán años hasta que ambos formen una pareja estable, pero excepto algún inocente y despechado acercamiento con Dr. Doom, Susan siempre le fue leal a Reed. De hecho, todas sus decisiones las toma considerándolo a él. Hasta las más inconscientes. La tormenta solar que afectó su ADN y les dio los poderes a los Cuatro Fantásticos no es aleatoria: cada uno de los personajes obtiene un poder íntimamente ligado con su personalidad: Johnny Storm es volátil, incontrolable y caprichoso: incendiario. Ben Grimm, La Cosa, es inamovible en sus opiniones, sólido en sus afectos... una roca. Reed Richards, el Hombre Fantástico, se caracteriza por una mente flexible. Por su parte, Susan justo en aquel momento se sentía enamorada pero invisible a los ojos de su objeto de deseo. Así consiguió su poder.

Pero... ¿puede el amor dominar nuestra personalidad hasta tales extremos? Mucho más de lo que podría pensarse, porque precisamente se trata de pensar.

ENAMORAMIENTOS BREVES, LARGOS O PENOSOS

Hace quinientos años se cantaba que «No hay amor sin pena / pena sin dolor / ni dolor tan agudo como el del amor». Sin embargo, la neurobiología hoy ha conseguido darle la vuelta a ese villancico (que estrictamente hablando es una «canción de villanos»). Amor y tristeza serían instintos básicos opuestos.

Semir Zeki, del University College de Londres, analizó la reacción de voluntarios al contemplar rostros de personas queridas, comprobando que el afecto desactiva las mismas zonas que ponen en marcha el desánimo. Contra la depresión, corazón. O mejor dicho: contra la tristeza, cabeza, puesto que es en el cerebro donde se cocinan los filtros amorosos.

Mario Benedetti celebra que «Después de todo qué complicado es el amor breve / y en cambio qué sencillo el largo amor». Helen Fisher, bioantropóloga de la Universidad de Rutgers, debió pensar en esto cuando descubrió que el romance apasionado hace funcionar a grupos de neuronas distintos a los que intervienen ante un afecto veterano, centrado en algo que lleva el poético nombre de pálido ventral, localizado en los ganglios basales.

Igualmente Bruce Arnow, en la Universidad de Palo Alto, diferencia las regiones subinsular, claustrum e hipotálamo como activas ante el impulso sexual, que sin embargo permanecen al margen del amor.

Por su parte, un enamoramiento descontrolado (atención al pleonasmo) provoca reacciones fisiológicamente idénticas a la adicción por drogas. Que se lo digan a la tormentosa Susan Storm. Cuando Jim Pfus, de la Concordia University, se propuso analizar esto, hizo su metainvestigación comparando una veintena de estudios diferentes sobre la actividad cerebral similares a los de Semir Zeiki.

La primera conclusión es que *las conclusiones no son concluyentes*. En los experimentos de mirar fotos con el cráneo sembrado de electrodos, se tiende a simplificar que distintas zonas neuronales sirven para funciones muy concretas, con vistosos gráficos coloridos que delimitan esas áreas.

Es decepcionante (o alentador) asumir que las cosas de la mente siguen siendo complicadas. Sin embargo, el equipo de Jim Pfus parece haber encontrado una cadena de eslabones definidos que permiten transitar la ruta desde el deseo sexual hacia el amor. El primero se inicia en áreas vinculadas con el instinto básico del placer (gastronómico, visual, erótico), el segundo hace intervenir a las neuronas relacionadas con procesos condicionales, asociados a la búsqueda de recompensa. Es el mismo mecanismo que origina las adicciones patológicas. El amor sería entonces consecuencia del sexo, y no al revés, puesto que derivaría de una tensión sexual resuelta. Sorpresa.

Ya. Pero hay otros tipos de amor que no pueden venir de ahí. El afecto de una madre hacia su bebé, y su construcción recíproca en el niño, tienen origen completamente distinto. Sin embargo, es un aprendizaje que servirá para futuros vínculos adultos. El antropólogo Gabriel Janer Manila es rotundo al declarar que el desarrollo del cerebro infantil está condicionado por el amor que recibe. Para madurar, las neuronas necesitan que las quieran.

El cuidado de la descendencia también altera el cerebro de los progenitores. Que se lo digan a los amigos de padres primerizos. Anticipando los muchos disgustos que les dará ese pequeño trozo de sí mismos, ese que ahora se resiste a dormir por las noches, el cerebro se prepara para incrementar la resistencia al dolor.

Todo esto lo detectan escáneres de actividad craneal. Pero ¿qué hacen todas esas parcelas de materia gris cuando se iluminan en los detectores? La mayoría ordena que se descorchen botellitas y viertan líquidos en vasos. En los vasos sanguíneos. Le toca el turno a las hormonas, sustancias que alteran la sangre (literalmente) y que sirven para transmitir órdenes al cuerpo, cuando se trata de alcanzar estados concretos. Por el sistema nervioso circulan mensajes inmediatos, referidos a músculos o percepciones. Las hormonas liberadas en el sistema circulatorio provocan cambios fisiológicos o anímicos de mayor permanencia.

En *El cerebro erótico*, Adolf Tobeña (Universidad Autónoma de Barcelona), repasa la lista de la compra que nos pone a cien: andrógenos, noradrenalina, vasopresina y dopamina. Por ejemplo, esta última se encarga de convertir en insensata a la enamorada Susan Storm, pues solo idealizando el objeto amado puede formalizarse una relación duradera. La demostración experimental sería que, inyectando en animales un antagonista de la dopamina, la hembra se desentendía de su pareja. Volviendo a activarle la dopamina, se unía al primer macho que pasara por ahí.

El cómic es más rápido que la ciencia: esto lo anticipó Milo Manara en su *Clic*. Con algún otro superpoder, el doctor Fez podría ser un supervillano inyector de dopamina.

Regresando al carrito de la compra hormonal, para el «largo amor» de Benedetti hay que conseguir un poco de serotonina, oxitocina, opioides endógenos y prolactina. Como su nombre indica, la prolactina desencadena la producción de leche materna. Sin ser endocrinólogas, nuestras abuelas sabían que el vínculo afectivo con el bebé crece al darle de mamar. La oxitocina, por su parte, es de cuidado: genera lazos de confianza, pero también estaría detrás de los celos, sospechas y envidias.

Pero en el amor hay más que hormonas. Volviendo a la Universidad de Rutgers, donde habíamos dejado a Helen Fisher, resulta que las flechas de Cupido pinchan en zonas de cerebro que no descargan hormonas sino que participan en funciones cognitivas como la atención y el reconocimiento social.

Eso nos lleva a otro estrato: el del significado del enamoramiento como estrategia de supervivencia, en términos de selección natural. El ser humano es particularmente inmaduro al nacer (algunos consiguen madurar con el tiempo). Por eso necesita del cuidado directo de su madre durante años. Si a eso se le une la existencia de otros hermanos, para la progenitora se hace casi imprescindible contar con ayuda, pues de otro modo el cuidado de sus hijos pondría en peligro su propia existencia.

Es inmediato pensar que el emparejamiento beneficia a la hembra reproductora para conseguirse un aliado. Quizá no sea tan sencillo. El macho puede también tener su interés en acaparar la capacidad de su compañera (o compañeras) para engendrar. Un cortejo prolongado refuerza vínculos... pero también evita que aparezca otro macho durante la fase receptiva. Además, el paso del tiempo permite comprobar que no hay síntomas de preñez que revelarían la infidelidad.

Ninguno de los dos individuos implicados en la reproducción quiere invertir en algo que no sea perpetuar su propia dotación cromosómica, de acuerdo con los genes egoístas de Richard Dawkins. Poco romántico desde luego. No importa si es un padre o una madre: la mejor estrategia para propagar su carga genética sería tener un hijo y... abandonarlo inmediatamente en manos de la pareja. De ese modo podría dedicarse a nuevas aventuras diseminadoras. La madre o el padre que permanecieran enfrentarían la disyuntiva de abandonar a su vez a la cría o seguir cuidando de ese 50% de genes propios que porta el retoño. En esto las hembras salen peor paradas, porque su apuesta es mayor: han tenido que dedicar más recursos a construir un óvulo y a conseguir que prospere el embrión. Por eso su tendencia es a quedarse mientras el macho lo niega todo.

Sin embargo, a la hembra le queda un as en la manga: ella decide cuándo y con quién emparejarse. Por eso debe seleccionar con cuidado entre los pretendientes, y debe poner al límite su paciencia para que si por fin accede, al macho le compense permanecer en el nido porque ya no tendría tiempo de iniciar un nuevo y largo proceso de emparejamiento en otro sitio. Paga el coste de oportunidad. De nuevo enamorar y cortejar son fases de prueba. Por eso en las leyendas la princesa antojadiza exige prendas al caballero, nimiedades como matar a un dragón o encontrar el Santo Grial. Una vez hecho esto, al enamorado no le quedan energías ni tiempo para más andanzas.

¿Qué busca Susan Storm cuando persigue a ese *hombre fantástico*? Usando la metáfora que asigna poder de decisión a los genes, no sería ella sino su ADN quien trata de perpetuarse. Un ADN que influye en la disposición o funcionamiento del cerebro, pero un cerebro que también está condicionado por elementos biográficos y culturales, que serían los marcados respectivamente por el guionista (Stan Lee) y por la editorial (Marvel).

ADAM WARLOCK

Al acercarse a las biografías de muchos personajes de cómic, cabe imaginar que William Shakespeare podría reconocer en ellas su propio legado, sintiendo un orgullo de padre... o un rechazo visceral como la ira de Othello.

Warlock es una de esas figuras extremas: concebido por un grupo de científicos denominado *El Enclave*, que busca dominar el mundo a través de un ser más perfecto que el hombre. La criatura, Adam Warlock, se rebela contra sus creadores al descubrir el objetivo que les mueve. Gracias a una gema preciosa que le otorga poderes, combate a Thor para luego seguir luchando contra cualquier tipo de dominación del hombre por el hombre, hasta llegar a un punto en que sacrifica su propia alma para salvar al mundo.

Aún puede complicarse la ya recargada vida y naturaleza del héroe, si se le agregan tratos con una iglesia dictatorial, amistades con un *troll* y un asesino en serie, viajes en el tiempo para robarse su propia alma y otras confusas situaciones. El resultado, desde luego, no deja indiferente.

Pero lo que distingue a Warlock de otros superhéroes sería su altruismo, la generosa disposición para dar su vida a cambio de un bien común, característica que también ocupa un lugar muy específico en nuestro cerebro. Y con razón.

DE ALGUNA MANERA, EL ALTRUISMO ENTRÓ EN NUESTRO COMPORTAMIENTO

Adam Warlock estaba destinado a ser el humano perfecto, adelantando artificialmente el lento paso de la evolución natural. Puesto que el concepto de humanidad se asocia al de compasión, ese es uno de los atributos que potencian en Warlock sus creadores. Pero es justo el deseo de hacer el bien lo que le va metiendo en dificultades.

Quizá no lo programaron correctamente, o no le enseñaron unas pautas básicas de conducta. El problema es de esencia: el manual de instrucciones no dejó resuelto si el hombre es bueno por naturaleza, como dijo Rousseau, o un lobo para los de su especie, siguiendo a Hobbes. Dicho de otra manera, no sabemos si la virtud se construye («niño, pórtate bien») o el altruismo viene de fábrica como dispositivo protector.

Habrá que entrar en el laboratorio y hacer pruebas. En este caso, aunque se trate de una investigación fisiológica, si la dirige un economista en Suiza no se va a conformar con balances y gráficos: será inevitable que se manche las manos con moneda de curso legal. Es lo que hizo Ernst Fehr, director del Departamento de Economía en la Universidad de Zurich. Fehr pidió a voluntarios que decidieran cómo repartir una cantidad de dinero con un perfecto desconocido, cediéndole parte de lo que podrían quedarse si obraran egoístamente.

Los resultados revelarían que no se trata de tener grandeza de corazón, sino de cerebro. Concretamente la generosidad parece vincularse a la mayor acumulación de masa gris en el punto de contacto entre los lóbulos temporal y parietal, en la parte derecha de la cabeza. A más neuronas y glías en esa zona, más solidaridad. Menos materia gris, más materialista.

Pero no todo podía ser tan sencillo, pues la propia investigación reconoce la importancia de los factores sociales sobre la manera en que se comporta el individuo.

A Ernst Fehr le habrán mencionado a menudo el juego de palabras que provoca su nombre de pila, el que sirvió a Oscar Wilde para una de sus obras (*The Importance of Being Earnest*, por el juego de palabras intraducible entre «Ernesto» y «honesto»). A base de insistir en el tema, la educación influye en la honestidad.

La idea de que la buena conducta se construye («niño, no toques ahí»), se afianza con las investigaciones del doctor Yosuke Morishima, colega de Fehr. El investigador debería investigarse, para detectar hasta qué punto le influyeron en él mismo los aspectos educacionales sobre la elección de su trabajo. Sucede que el nombre Yosuke significa «dar inmenso apoyo», un caso paradigmático de determinismo nominativo, condicionado por su *aptónimo*: apellido o nombre que identifica también el oficio de quien lo lleva. «Yosuke, ayúdame con esto», «Yosuke, ¿me harías un favor...?», y al final Morishima se dedicó profesionalmente a intentar comprender la filantropía.

Jorge Moll y Jordan Graffman, del Instituto Nacional de Salud de Estados Unidos (NIH), también se centran en comprender el altruismo a partir de experimentos, aunque no con humanos. Ellos han descubierto que las áreas del cerebro que se activan con el comportamiento bondadoso serían las mismas que responden al sexo o a la comida. La especulación es que podrían ser sustitutivos. Hay ratas de laboratorio, por ejemplo, que renuncian a alimentarse cuando descubren que cada mesa servida para ellas supone una descarga eléctrica para su compañera.

El apacible doctor Jekyll tiene su alter ego en un violento Mr. Hyde. Sería la otra cara de la moneda: las extremas psicopatías que producen individuos antisociales. La ciencia descubre que quizá provengan de configuraciones cerebrales atípicas o dañadas: la máxima falta de empatía es ignorar el dolor ajeno, y eso puede llevar a infligirlo sin remordimientos. Algo que ya veremos con algunos supervillanos, definitivamente maquiavélicos.

La ciencia también podría ofrecer una solución a esos trastornos. Una de las propuestas viene de James W. Lewis y Jen Christiansen (Universidad de Virginia Occidental). Si podemos encapsular un «ecualizador de hormonas» para regular los niveles de sustancias que activan o desactivan determinadas reacciones, el resultado podría ser una píldora personalizada que influya en el carácter o incluso la moralidad. Esto abriría un debate complejo: ¿sería obligatorio ese tratamiento para los criminales? ¿podría tener carácter preventivo? ¿quién lo decidiría? ¿Y si alguien se niega a vacunarse contra el mal?, ¿qué consecuencias legales tendría?

Las complicaciones vienen cuando se pretende intervenir sobre la configuración mental. Que se lo digan a Warlock.

En cualquier caso, el cerebro está preparado para la empatía, porque es una habilidad clave. Aquí no queda más remedio que citar a las neuronas espejo, esas que ahora parecen servir para todo, pero que serían la esencia del salto hacia la consciencia y el comportamiento moral. Para V. S. Ramachandran, neurólogo de la Universidad de California San Diego, adquirir la práctica de comprender al otro poniéndose en su lugar es el primer paso hacia la imitación y el lenguaje, los impulsores originales de la civilización. Imitar es la táctica básica de aprendizaje, y comunicar de manera estructurada lo aprendido pone en marcha la evolución cultural, que acelera en varios órdenes de magnitud la velocidad de la evolución genética.

Las neuronas espejo se activan cuando un individuo contempla a otro. Funcionan no solo cuando se padece dolor, sino también cuando se ve a alguien sufriendo el mismo daño. Darwin señaló que mientras alguien maneja unas tijeras, quien mira sus movimientos tenderá a apretar y aflojar la mandíbula sincrónicamente. No es un proceso racional o cultural, sino sensitivo. Si la caridad se razonara, se provocarían las mismas reacciones solidarias ante cualquier situación dramática, con independencia de que se perciba a pocos metros o que suceda en un lejano (ignorado, *ignorable*) hemisferio del planeta.

Ramachandran, autor de *Lo que el cerebro nos dice*, asegura que «puede que lo único que separe nuestra consciencia de la de otro sea la epidermis». De modo que ponerse en la piel del otro es atravesar solo una fina membrana.

En el pasado remoto, nuestros antecesores homínidos ya miraban por su prójimo, como revela el hallazgo de huesos con heridas cuya curación hubiera sido imposible sin el apoyo del grupo, nómadas que invertirían esfuerzo en proteger a uno de los suyos aún a riesgo de la propia seguridad.

Avanzando al pasado más reciente, cuando fuimos bebés ya sabíamos mirar el mundo desde la perspectiva de quien está enfrente: a los dieciocho meses existe el impulso espontáneo de ayudar a quien tiene dificultades, aunque eso no nos aporte nada práctico de manera inmediata. Según Felix Warneken y Michael Tomasello, del Instituto Max Planck, el comportamiento altruista forma parte de nuestra esencia. Así lo manifestaron bebés de año y medio que de manera espontánea decidieron ayudar cuando a un desconocido se le caía algo al suelo o no encontraba un objeto que el niño sí podía localizar. En eso radica la esencia del altruismo: la alteridad, mirar con los ojos de otro. Y no es extraño, ya que la única parte de nuestro cerebro que está fuera del cráneo resultan ser los ojos.

En definitiva, existen opciones generosas que a menudo dan mejor resultado que ignorar las necesidades ajenas, o incluso atacar a quien está delante. El altruismo puede funcionar como estrategia para la protección del grupo, aunque vaya en detrimento del individuo. Este comportamiento puede ser heredado o aprendido, pero lo más probable sería que esté originado en una mezcla de ambas causas, donde el comportamiento viene predispuesto por la configuración de las neuronas, pero también viceversa: el cerebro se construye día a día partiendo de lo que percibe fuera de su cascarón craneal, particularmente en los primeros años de vida, cuando la plasticidad de las sinapsis resulta más moldeable.

Quienes diseñaron a Warlock deberían haber tenido en cuenta los dos ingredientes, y sembrar bondad en su engendro, pero también darle la capacidad para aprender las ventajas de conducirse con nobleza. El personaje habría sufrido bastante menos. También el equipo de científicos que lo creó, y que fueron las primeras víctimas de su altruismo inflexible.

SILVER SURFER

Un pacífico (y pacifista) astrónomo del pacífico (y pacifista) planeta Zenn-la se topa con Galactus, la pavorosa entidad sideral que consigue su energía devorando planetas enteritos, lo cual ayuda a equilibrar el universo. Este equilibrio estaría relacionado con problemas intestinales de Galactus o con la entropía cósmica. No queda claro.

Para impedir que Galactus se trague el planeta de Silver Surfer, este acepta entrar a su servicio. Así no solo salva el mundo en que vivía, sino que se ocupa de derivar el hambre de su amo hacia territorios deshabitados.

A cambio de sus servicios, el heraldo de Galactus obtiene un juguete que anhelaba desde niño: la tabla de surf con la cual recorre el universo buscando esos pedruscos sin vida para servírselos en bandeja. Corroborando la célebre ecuación de Drake, a «Estela Plateada» le cuesta encontrar planetas despoblados, y por eso el amo le extirpó telepáticamente los remordimientos en que tanto habían insistido sus padres cuando vivía en su pacífico barrio del cosmos. Silver Surfer puede ahora ofrecer a Galactus cualquier planeta. Y sí: la Tierra es uno de ellos.

SOY SOLIDARIO CON VOSOTROS. SOY SOLIDARIO CONMIGO

El sentido de equipo unido por un interés común es la solidaridad. Pero paradójicamente no es una dinámica gregaria, sino individualista: solo quien tiene libertad personal de acción puede optar por colaborar, solidarizándose con los demás.

Común sentido. Si existe una meta compartida, el solidario se implicará en ella. Silver Surfer pretende salvar su planeta, y a sí mismo como parte del mundo. Sentido común.

Cosa distinta es el altruista, que defiende los objetivos de otros en detrimento de los propios. Un altruismo radical podría derivar en comportamientos masoquistas, como quizá le ocurre a Warlock, aunque también tiene un particular componente hedonista, en el que el placer es un tesoro que se busca para otros.

Si el altruismo parece residir en el puente que une los lóbulos temporal y parietal, en cambio la solidaridad estaría en la amígdala, donde también han puesto sus oficinas el miedo o la rabia. El carácter prosocial está vinculado con el anhelo de justicia distributiva, para que todos los individuos (incluido uno mismo) tengan recursos parecidos.

Así, el objeto del comportamiento solidario es el grupo y no el individuo. Se trata de una estrategia evolutiva para asegurar la supervivencia.

Un momento. ¿No postuló Darwin que la vida es una competición en la que vencen quienes propagan su carga genética individual? Pocos han interpretado correctamente la idea de la «lucha por la existencia». Los organismos combaten, pero no necesariamente lo hacen contra otros individuos, sino contra las adversidades del entorno, adaptándose a sus condiciones. Es más, a menudo la mejor estrategia es colaborar. La naturaleza está llena de ejemplos: pingüinos que se protegen del frío en corros apretados, dejando a los más débiles en el centro y turnándose el resto en las posiciones exteriores; murciélagos vampiros (!) que arriesgan su vida por alimentar crías de otros; hormigas que literalmente se suicidan para defender a la comunidad... incluso toda vida organizada es un asunto de colaboración: orgánulos inertes se habrían unido para formar la primera célula viva.

Cuando al biólogo J. B. S. Haldane le preguntaron si arriesgaría su vida por salvar a un hermano, su respuesta fue: «Por supuesto que no. Pero sí lo haría por dos hermanos o por ocho primos», reflejando así la cuota promedio en que aseguraría la supervivencia en sus familiares de la misma carga genética que desaparecería con la muerte de Haldane.

Sin embargo, el argumento anterior no funciona fuera del entorno familiar con el que se comparten genes. Cuando entregan a perfectos desconocidos recursos como espacio, alimentos, energía, tiempo… o exposición al riesgo, todos ellos elementos para la supervivencia, ¿qué beneficio obtiene el individuo? La respuesta es el éxito del grupo en el que se integra. La selección aquí no opera a escala individual sino colectiva.

Para demostrar la lógica de la colaboración solidaria, Robert Axelrod, de la Universidad de Michigan, organizó torneos donde competían programas informáticos basados en distintas tácticas de lucha o cooperación. En general, los ganadores de estas simulaciones fueron programas que en el primer movimiento tendían su mano para colaborar con otros sin esperar recompensa. Cuando ocasionalmente vencieron los de estrategia más competitiva, su victoria fue parcial, pues al depredar a todos los otros participantes, se quedaron solos y abocados a la extinción. El grupo desaparece, y cada individuo con él.

Si todos los participantes se empeñan en conseguir el máximo beneficio, solo uno saldrá satisfecho. En cambio, colaborar para obtener buenos beneficios puede hacer que todos ganen. Algunas aplicaciones de la teoría de los juegos están en el cálculo de precios, despliegue de tropas, reparto de caladeros de pesca, mercados bursátiles… Iniciativas como las aplicaciones compartidas de *software* libre, la creación de Wikipedia, los equipos científicos o la escritura de este mismo libro a cuatro manos, están basadas en estrategias no competitivas.

¿Qué pasa por el cerebro de un conductor cuando decide ceder el paso a otro? Puede ser un mero cumplimiento de la norma, el miedo a una multa, o simplemente la cortesía social. Axelrod propuso que la cooperación entre desconocidos, incluso en contactos que se saben únicos e irrepetibles, buscaría crear una red de interacción preferente, que agrupe a los predispuestos a colaborar dejando fuera a los egoístas, con lo cual el grupo en conjunto gana y tiene más posibilidades de supervivencia. Este sería el origen de la estructura de la población, y nuestra amígdala cerebral lo sabe, aunque no seamos conscientes de ello.

Para demostrarlo, a finales de 2011 el Instituto de Biocomputación y Física de Sistemas Complejos (BIFI) de la Universidad de Zaragoza convocó a docenas de institutos y centros escolares, desarrollando «el mayor experimento jamás realizado para comprobar la hipótesis de los beneficios de la estructura de la población». Una red de 1.229 individuos se enfrentaban en distintas rondas al conocido «dilema del prisionero»: si denuncio a un desconocido quien acusan de ser mi cómplice en un delito, podré salir libre a no ser que él también me denuncie a mí. Si ninguno de los dos confiesa, la pena será significativamente menor. Por tanto, como afirma el enunciado del experimento, «el mayor beneficio para las personas que interaccionan se produce cuando ambas colaboran, pero si una colabora y otra no, esta última tiene más beneficio. Ello lleva a la tentación de aprovecharse de la colaboración de los demás. Pero si esta tendencia se extiende, nadie cooperará y no habrá beneficios para nadie». Las rondas de enfrentamientos al dilema tenían además un componente espacial. Se hacían combinando y recombinando individuos en lugares más o menos próximos. Si la hipótesis de la estructura de la población es cierta, surgirá una pauta de respuestas cuando se conserva el grupo de vecinos y otra distinta si cambia el colectivo que interacciona. Será diferente también mientras el conjunto tenga factores comunes que permitan construir una red homogénea frente a otro grupo heterogéneo. Si los niveles de cooperación en todos estos casos resultan significativamente distintos «habremos confirmado la hipótesis; pero en caso contrario, habremos abierto la puerta a descartarla y buscar nuevas alternativas para entender la cuestión central que es la emergencia de la cooperación».

El resultado parece demostrar que no importa el tipo de red que se configure: con independencia del grado de estructura o del tamaño del grupo estudiado, la colaboración sigue estando presente, como si formara parte del comportamiento innato de cada individuo en promedio. Parece ser que los humanos por principio, tendemos la mano al extraño, como los programas informáticos de Axelrod. Nacimos solidarios. Dentro de nuestra cabeza una pequeña almendra (la amígdala) procura que así sea.

Pero tampoco viene mal un poco de educación. No lo dice un pedagogo, sino un ingeniero llamado Hans Mondermann: «Si un peatón va a cruzar la calle, por supuesto que los coches se detendrán: nuestros abuelos ya nos enseñaron las reglas de cortesía. Cuando tratas a una persona como a un idiota, se comporta conforme al reglamento y nada más. Pero si le das responsabilidad, sabrá usarla».

Ya, claro. Fíate tú de la gente. Bienaventurados quienes confían en los pasos de cebra, porque pronto verán el Reino de los Cielos. Eso debe quedar por Holanda, concretamente en la ciudad de Drachten,

donde no existen señales de tráfico, ni semáforos, ni sentidos de circulación establecidos... ni siquiera tiene aceras. Sin embargo, los 6.000 automóviles que diariamente circulan por la ciudad conviven con las bicicletas y peatones que también ocupan sus calles. El tráfico es fluido. Apenas hay accidentes o bocinazos.

El promotor de la idea fue Hans Mondermann, convencido de que la única manera de mejorar el tránsito era dar a quien utiliza la vía pública la responsabilidad de negociar sus movimientos con el resto de usuarios.

Cuando desaparecieron las indicaciones y líneas de la calzada, los conductores se asustaban: ¿dónde se gira aquí? ¿quién tiene prioridad? En consecuencia, se prestaba más atención al modo de conducir. En solo dos semanas, la velocidad de los vehículos en Drachten se ajustó por sí misma a la que marcaban las viejas señales de máximo obligatorio, las mismas que antes no se obedecían.

Por eso la solidaridad implica una cuota de responsabilidad y albedrío: poder elegir la cooperación.

Durante los primeros 30.000 años de historia humana, las relaciones sociales fueron de reciprocidad. Reparto en comunidades sin jefes. Si un individuo hubiera tenido ansias de grandeza y, por ejemplo, reclamara la posesión de un terreno o una cuota sobre los recursos, sencillamente sus compañeros lo hubieran mirado con extrañeza... y se hubieran trasladado a otro lugar, dejando al ambicioso a solas con sus posesiones. La baja presión demográfica permitía estas comunidades sin jerarquías. Aún hoy este tipo de sociedades existe entre los semais de Malasia, los kung del Kalahari o los mehinacus de Brasil.

Pero entonces ¿cómo aparecieron los jefes en el mundo? Para el antropólogo Marvin Harris, la respuesta es sorprendente: los cabecillas empezaron a destacar en las comunidades porque eran más solidarios, ofrecían más que otros, se preocupaban más por la comunidad y organizaban fiestas en las que todos quedaban saciados. Así comenzaron a tener seguidores que colaboraban en organizar eventos para competir en esplendidez con los de otros grandes hombres. Fue necesario establecer una jerarquía que mejorara la productividad de cara a esos festines... y así el cabecilla desprendido se convirtió en redistribuidor de la riqueza. De ahí a constituirse en jefe, solo había un paso.

Hoy en día pueden verse celebraciones motivadas por la generosidad de un «gran hombre». Por ejemplo, entre los kwakiutl de Vancouver o los siuais de las Islas Salomón... pero también en el foro de Davos (George Soros), en la Turner Foundation (Ted Turner) o en la Bill & Melinda Gates Foundation.

En resumen, el liderazgo tiene un componente de solidaridad… al menos en sus orígenes.

Volviendo al presente, una forma de analizar grupos sociales fuertemente organizados sería comprobar lo que pasa en una empresa. Richard Branson, propietario de la exitosa Virgin, cree que «la confianza mutua hace que se pueda aprender y cambiar con más eficacia». Los creadores de Google pusieron como lema de su gestión *Don't be evil* (no seamos mala gente). Aunque sea una entidad gigantesca, la mayor empresa de información del mundo apostaría por confiar en cada uno de los suyos.

BLACKHEART

La historia cuenta que Mefisto tuvo un hijo. No sabemos con quién exactamente, pero lo tuvo. La fórmula magistral que empleó incluía grumos de odio y perversidad. El resultado fue un tipo siniestro, destinado a explorar la naturaleza del mal asido de la mano de papá. Entre sus lindezas está intentar corromper a Spiderman o Daredevil, pero también rebelarse contra su progenitor, quizá porque adivinaba sus intenciones más íntimas.

Blackheart está dotado con el poder de leer las mentes. Esta habilidad precisa de una alta dosis de empatía, no tanto para abrirse paso entre pensamientos laberínticos, sino para comprender qué los impulsa y cuáles son sus objetivos.

Hay personajes (ficticios y desafortunadamente reales) que no tienen empatía: su cerebro no registra el sufrimiento ajeno. Pero la ciencia no solo sabe dónde reside esta cualidad, también sabe cómo activarla y cómo llevarla a extremos insospechados para crear la hiperempatía.

PÓNGAME CUARTO
Y MITAD DE EMPATÍA

Marchando: le instalo su carga de neuronas espejo bien colocaditas. De nuevo son las células del cerebro que hacen imitar consciente o inconscientemente lo que se está contemplando y que pueden, por ejemplo, lanzar señales de dolor hacia nuestro ojo izquierdo cuando vemos a alguien dañarse el ojo izquierdo. Esta reacción suele ir acompañada de un característico sonido emitido al inhalar aire mientras se articula un fonema que estaría entre la «s» y la «f». Compruébese.

La empatía significa sentir lo que le ocurre al otro, pero también inferir racionalmente cuál es su estado de ánimo. Para esto último está especialmente dotado Blackheart cuando lee las mentes de sus víctimas. Sin embargo, el hijo de Mefisto no llega a entrar en resonancia con las emociones ajenas. La falta de empatía es una ventaja para los malotes.

Lisa Aziz-Zadeh, investigadora de la Universidad de Carolina del Sur, presentó este tipo de imágenes-dentera a personas que a la vez eran «desnudadas» por un escáner cerebral de resonancia magnética funcional (fMRI), que identifica el flujo sanguíneo y la actividad metabólica en cada región precisamente mientras están haciendo algo concreto (por eso se denomina funcional). Poco nuevo. Se comprobó una vez más la activación refleja en los participantes. Sin embargo, para ir un poco más lejos, Aziz-Zadeh incluyó entre sus voluntarios a varios que carecían de algunos miembros desde su nacimiento. Aún así las neuronas espejo indujeron ese dolor empático hacia una parte del cuerpo ausente en ellos. Empatía en miembros fantasma.

Pero, ¿es una transmisión emocional automática, o interviene algún juicio de valor en el proceso? Para comprobarlo, de nuevo enchufamos la fMRI y ponemos a voluntarios a ver películas, con la novedad de que aquí se trata de actores que interpretan a personajes haciendo juego limpio o juego sucio. Los espectadores mostraron menos empatía hacia los tramposos cuando «sufrían» lesiones en la mano. Por cierto, los espectadores varones se mostraron más duros ante las conductas deshonestas. En cambio, con la buena gente siempre hubo más inhalaciones «sssffhhh».

La ética parece condicionar la empatía hacia los comportamientos ajenos observados. Ahora bien, ¿y si lo que se observa no es otro ser humano? Resulta que también las neuronas espejo brincan cuando el individuo contempla un animal, o incluso un objeto animado, como un robot. Es más, sorprendentemente la activación de estas neuronas es mayor cuando se observa a un tosco androide bailando que cuando danza un congénere de carne y hueso.

Más aún: ¿y si ni siquiera es una entidad tangible? Suena raro pero no es nuevo: las palabras pueden inocular sensaciones. Está comprobado que al ver escritas «halitosis» o «lima», se activa la zona cerebral encargada de la información olfativa. Que se lo digan a Marcel Proust, quien simplemente por evocar el sabor de una magdalena se puso a escribir *En busca del tiempo perdido*... y siguió durante siete tomos.

Encadenar palabras forma un relato. Las historias bien contadas llevan al oyente o al lector a sentir lo que los personajes de la narración, y el cerebro se implica como si estuviera allí. De hecho, llevan al cuerpo a sentir lo que le ocurriría estando allí. Con un añadido: ante esas situaciones de ficción, las neurohormonas hacen cambiar el funcionamiento de la mente y la modelan. La persona se construye a través de relatos que permiten edificar una relación empática con su grupo. Somos seres sociales, y las sociedades comenzaron a reunirse contando su historia alrededor del fuego.

El ser humano puede ser empático hacia los animales, pero raramente un animal sentirá empatía. Debe tratarse entonces de alguna estrategia evolutiva que resulte apropiada para el mono desnudo, y debe ser crucial porque nos exige invertir entre ocho y diez veces la cantidad de oxígeno y glucosa que consumen los músculos principales. Es además una de las últimas adquisiciones instaladas en el cerebro por la evolución, y también de las últimas que se mantienen activas en la persona cuando la vejez le hace perder otras capacidades cognitivas o intelectuales.

El neuropsicólogo Rick Hanson nos denomina *Homo empathicus*, porque la empatía nos hace humanos desde dos dinámicas evolutivas: la construcción de los lazos de pareja, impulsando la táctica protectora que lleva implícita esa estructura de relación y reproducción. La segunda dinámica sería la construcción de la sociedad, que de nuevo resulta un mecanismo de supervivencia basado en el grupo. Sucede que los seres con complejas interacciones sociales necesitan un cerebro mejor preparado. Otra vez la tribu alrededor del fuego como instrumento para moldear la mente individual.

Lo que pasa por la cabeza para que alguien como Blackheart bucee en las emociones de otro tiene que ver con la denominada «teoría de la mente»: capacidad de reflexionar respecto al estado mental propio y ajeno para prever comportamientos. Es decir, podemos atribuir inteligencia al que está enfrente porque asistimos a nuestro propio raciocinio, motivaciones o emociones. Proyectamos en los demás nuestras ideas, intenciones, percepciones o creencias. Es una forma de cognición social intuitiva que constituye una de nuestras más poderosas facultades.

En el proceso participan las ínsulas (núcleo de cada hemisferio cerebral) y el córtex cingulado anterior que está sobre cada una de ellas. Son áreas que se activan tanto si el propietario siente emociones propias como si es testigo de ellas en otros. Por su parte, las neuronas espejo intervienen cuando además de sensaciones se contemplan movimientos musculares asociados a esas sensaciones. El conjunto de todo lo anterior es visceral, creado por algunas hormonas como la oxitocina, y produce simulaciones virtuales del empático hacia lo que observa. Estas simulaciones a su vez pueden amplificarse o disminuirse racionalmente cuando entra en juego el córtex prefrontal, situado delante de las ínsulas. El cerebro piensa acerca de lo que está ocurriendo y modula una respuesta consciente hacia los sentimientos propios o ajenos. Esta es la parte que pueden modificar la cultura, el aprendizaje o la disciplina. Cabe incluso entrenar la percepción propia del estado corporal (lo que desarrollaría las ínsulas), la concentración (córtex cingulado anterior) y la observación profunda del entorno (córtex prefrontal).

El mecanismo es más complejo de lo que prometía. Si cuesta entender el «cómo», al menos intentemos saber el «cuánto».

En la Universidad de Columbia, el equipo de Niall Bolger y Kevin Ochsner se propuso medir cuantitativamente la empatía. Once voluntarios charlan sobre situaciones emotivas de su vida, como muertes o nacimientos. Después contemplan la grabación del debate mientras van puntuando cómo de a gusto o disgusto se sentían durante la conversación.

A continuación otros dieciséis voluntarios distintos contemplaron el mismo vídeo y valoraron las emociones experimentadas por cada contertulio, pero al mismo tiempo un escáner fMRI se encargaba de inspeccionar cómo se comportaban las neuronas espejo. De este modo, los investigadores obtuvieron dos juegos de valoraciones paralelas: la de los protagonistas y la de quienes empatizaban con ellos. En la medida en que la perspectiva de los observadores coincidiera con la del primer grupo, su empatía sería mayor.

El resultado fue establecer una correlación entre el grado de acierto empático y la actividad en determinadas áreas del cerebro. Los observadores que fallaron en sus apreciaciones mostraron actividad en una región cerebral distinta: la encargada del autocontrol que frena las propias respuestas emocionales. Quizá eso les convertía en «hipoempáticos».

En cambio, quienes mejor entendieron lo que sentían los personajes del vídeo simultáneamente estaban teniendo mayor torrente sanguíneo en las regiones parietal-premotora y medial prefrontal, ambas en el córtex. La primera zona se relaciona con la interpretación primaria de las intenciones reveladas por gestos simples. La otra es responsable de dar significado a esos gestos y ponerlos en contexto.

Algo de empatía nunca está mal. Lo que no conviene es tener demasiada y llegar a la «hiperempatía». Que se lo digan a quienes sufren el síndrome de Estocolmo, a los padres sobreprotectores o a las mujeres maltratadas por sus parejas, a quienes siguen defendiendo más allá del temor a represalias. Según parece, aquí las hormonas implicadas son las que sellan lazos afectivos con la pareja (y también de los orgasmos), pero también las que enseñan a tener miedo y a olvidar lo ocurrido. Un cóctel peligroso cuando se combina.

Quizá mejor no inventar la «píldora de la hiperempatía». Tampoco extirpar por completo esta facultad, como le ocurre a Blackheart. La cantidad de empatía, como casi todo, mejor en su justa medida.

NAMOR SUBMARINER

Hijo híbrido de sirena (princesa atlante) y humano (capitán de navío), que casi en el mismo día, por este orden, se enamoran, conciben a un niño, se casan y dejan al bebé huérfano cuando el padre muere a manos de los atlantes. El hijo vengador Namor McKenzie lleva en sus venas un compromiso endeble con quienes le rodean.

La moral es lo que nos permite construir una escala de valores que rija nuestra conducta. Todos la tenemos, pero cada uno erige la propia para que coincida con sus deseos. Este personaje, pese a aliarse con buenos y villanos, no tiene una doble moral de ningún modo: tiene la suya particular y es aquella que le sirva para alcanzar sus objetivos. Así comparte sangre con los Cuatro Fantásticos o sudor con Dr. Doom, dependiendo de lo que persiga.

A simple vista pareciera que la moral reside en un lugar recóndito de nuestra mente, un sitio indescifrable que gobierna de modo férreo la brújula de nuestras acciones. Pero nada más lejano a la realidad: los científicos podrían saber en qué parte exacta del cerebro se encuentra el propio sentido del bien y el mal... e incluso quizá lleguen a manipularlo.

LO MORAL
POR LOS SUELOS

Un grupo de civiles se refugia en un sótano, huyendo de los asesinos que acaban de exterminar a todo el vecindario. El escondrijo es bueno. Los malos están a punto de irse cuando suena un leve gemido. En el subterráneo, la madre de un bebé trata de atenuar su llanto inminente. Arriba, el ruido de botas se detiene prestando atención. Si los descubren, morirán todos. ¿Deberían asfixiar al pequeño, ya condenado, para salvarse?

Para darle un poco más de suspense, dejamos a los refugiados en el sótano para pasar a una pequeña digresión sobre la diferencia entre ética y moral. De forma simplificada, la ética busca lo que objetivamente sería justo y razonable. Por su parte, la moral se basa en principios propios a partir de paradigmas sociales o convenciones culturales, cuya validez por tanto es contextual. Entonces la ética entra en el reino de la razón socialmente aceptada, mientras que la moral afecta al individuo… y el individuo (más exactamente el cerebro del individuo) afecta a la particular moral que da curso a sus actos. Por eso cambiar el cerebro puede alterar la moral. Volvamos al sótano para ver cómo.

Enfrentar conflictos como el del bebé hace que se pongan los pelos de punta. Concretamente los situados sobre la parte frontal del cerebro (corteza del cíngulo anterior y corteza ventromedial prefrontal). Es lo que ha comprobado Joshua D. Greene en la Universidad de Harvard, cuando contempló los cambios de actividad reflejados en imágenes por resonancia magnética funcional sobre individuos sometidos a un dilema moral.

Estas áreas del cerebro están relacionadas con la toma de decisiones racionales, aunque también con las emociones y la empatía. Parece revelador que estén tan cerca el frío enjuiciamiento de las situaciones y su valoración emotiva, pero así lo demuestra el hecho de que intervengan de manera distinta cuando, al plantear el dilema del sótano, se pedía al voluntario que se implicara por completo, siendo él mismo quien acallara el llanto para siempre… o que dejara en manos de otro el infanticidio.

La moral no resulta ser algo tan elevado como parecía, sino más bien un mecanismo terrenal, vinculado a la actividad química del cerebro. Se trata de una respuesta congénita, y por tanto anterior a la filosofía, la cultura o la religión. Para Jonathan Haidt, de la Universidad de Nueva York, de manera natural las personas tienen principios como evitar el daño a otros, ser justos y recíprocos, mantener lealtad al grupo, respetar la autoridad y mostrar predilección por la pureza.

Si existe una moral innata, será porque ofrece ventajas evolutivas. Elegir una pareja fiel, aliarse con colectivos afines o preferir alimentos de aspecto más decoroso, pueden ser estrategias para la supervivencia del individuo (o de sus genes). Cada una de las líneas morales asociadas a esos comportamientos estarían originalmente presentes en todos los seres humanos. Sin embargo, las distintas creencias o contextos culturales modularían el peso relativo de esos ingredientes básicos.

¿Pueden otros factores alterar ese equilibrio? Está más que comprobado que determinadas lesiones cerebrales cambian la escala de valores de quien las sufre. Si la moral no es algo fijo o fijado a la personalidad, sino una mera respuesta cerebral en la que intervienen sustancias químicas y señales electromagnéticas, entonces podrían manipularse interesadamente.

Semejante posibilidad pone la mosca detrás de la oreja. En este caso, de la oreja derecha, zona del cerebro que también se anima especialmente cuando se piensa en la bondad o la maldad. La doctora Liane Young, desde el MIT y el Laboratorio de Moralidad (nada menos) del Boston College, hizo cambiar los juicios morales de voluntarios sometidos a campos magnéticos localizados tras la oreja derecha. Aparece de nuevo el puente que une los lóbulos temporal y parietal, aquel que regularía la generosidad según Ernst Fehr. Aparentemente, la atención se centra más sobre los resultados que sobre la intención que mueve a actuar.

La brújula moral se desorienta cuando hay imanes cerca, y modifica las respuestas a dilemas como el del bebé llorando en el sótano. En un juicio, ¿el magistrado deberá meterse en un entorno magnéticamente aislado? Young, sin embargo, insiste en que solo ha encontrado correlación entre ambos sucesos, pero eso no significa necesariamente un vínculo causa-efecto.

Hay otros elementos que afectan a las decisiones morales. La cantidad de serotonina que llega al cerebro sería un regulador moral. Este neurotransmisor parece actuar sobre dos mecanismos: control de las reacciones de castigo y aversión a provocar daño, dos dinámicas en parte contradictorias. Para Molly J. Crockett, psicobióloga de la Universidad de Cambridge, los dos efectos se complementan pues el aumento en niveles de serotonina implica que el sujeto está más dispuesto a aceptar situaciones injustas si con eso se evita dañar a otros. Si la persona es además particularmente empática, el efecto de la serotonina se acentúa.

Por el contrario, a menor nivel de serotonina, el individuo parece más sensible a la injusticia, incluso aunque eso perjudique a otros (chicos, así es la ley: *dura lex sed lex*).

El sentido de la justicia está entonces condicionado por una hormona. Un simple chorrito liberado por las neuronas influye en nuestra moral. A su vez, la liberación de serotonina está influenciada por la cantidad de luz que recibe el individuo. Las regiones del planeta y las estaciones del año más luminosas son propensas a la mayor apertura social.

Atención, peligro: llevado al extremo este planteamiento apoyaría el origen estrictamente material del comportamiento humano, resolviendo de un plumazo el viejo debate dualista cuerpo-alma, cerebro-mente.

En realidad, lo que la ciencia ha demostrado es la capacidad de algunas hormonas para modular la conducta moral preexistente. No serían fuentes de señal, sino amplificadores o atenuadores de la misma.

Queda, como siempre, la influencia del entorno y el adiestramiento para formar un sistema moral y programarlo en las estructuras cerebrales. La educación inculca valores en el seno de una cultura, y lo hace influyendo sobre el sujeto como parte de una sociedad, familia o grupo de referencia. Su arraigo en el individuo será mayor cuanto más fuerte sea ese contexto, por la presión de un grupo más influyente, por falta de opciones alternativas, o quizá por tratarse de una tradición asentada o celosa de sí misma.

La religión construye un edificio que afilia a sus seguidores y los conecta con su entramado moral. Cumple así las dos posibles etimologías del término: *religare* (unir lo disperso) y *releer* la realidad con escrupulosa atención para evitar conductas inadecuadas a su paradigma.

Incluso para las personas no religiosas, vivir en una cultura influenciada por una tradición moral supone modificaciones de conducta y, por tanto, de sus conexiones neuronales. Si esto es cierto para quienes se manifiestan alejados de la religión, más aún lo será para quienes la viven de forma intensa y cotidiana.

Sin embargo puede haber factores cotidianos que alteren los presuntamente sólidos valores arraigados. Ya no se trata de campos magnéticos o píldoras de hormonas. Algo tan habitual como la prisa, por ejemplo, actúa como mala consejera.

En un ya clásico experimento desarrollado en la Universidad de Princeton, John Darley y C. Daniel Batson probaron que la urgencia desvía la moralidad, incluso en quienes dedican a ella su vida: se citó a estudiantes de teología para medir su agilidad al preparar una charla, cosa que podría darles acceso a un empleo. El tema elegido era la parábola del buen samaritano que atiende a un desconocido herido en la cuneta. El sermón deberían impartirlo en un edificio anexo, donde ya les estaban esperando.

Ese era el planteamiento para los estudiantes observados en el experimento. La verdadera prueba comenzaba cuando se dirigían al lugar donde los están esperando. En ese trayecto se topan con un hombre que parece encontrarse francamente mal; sin embargo, la presión de acudir con urgencia para cumplir con una norma dada, hizo que buena parte de los futuros teólogos pasaran de largo, precisamente como en la parábola cuyo contenido estaban preparándose para glosar.

O sea, que la moral está pegada al suelo que cada uno pisa, establecida por el contexto normativo del individuo, su estado anímico, su percepción de la realidad y la influencia de agentes químicos o físicos. De férrea nada. La moral es plastilina. Bien lo sabe Namor Submariner cuando adapta sus valores a lo que necesita, capítulo a capítulo de sus apariciones en Marvel.

HULK

Rabia convertida en superhéroe. Una vez encendida la mecha de su personalidad iracunda no hay nada que contenga la explosión. Tiene que pasar un tiempo hasta que se apacigüe. Tiempo para que el cerebro se reubique y asimile lo que sucede.

Precisamente al doctor Bruce Banner no le falta cerebro, órgano que le permite dominar distintas disciplinas científicas y resolver complejos problemas. Pero cuando se enfada lo que triunfa es la fuerza bruta, cosa que también a menudo le permite resolver problemas complicados, aunque luego haya que reparar los desperfectos.

Hulk es consecuencia de un experimento fallido que altera su ADN y lo convierte en un ser todo violencia y nada razón. Además lo tiñe de verde.

El personaje sería la suma de las respuestas instintivas primarias ante la agresión: huir o pelear. Lo que dispara estos comportamientos es pura química. Algo que no le hubiera sorprendido a Bruce Banner.

SI ENTENDIÉSEMOS LA IRA, RELEERÍAMOS *CRIMEN Y CASTIGO*

La gente enfurecida, termina diciendo o haciendo cosas que no pretendía. Termina desequilibrada. O quizá mejor dicho empieza desequilibrada: un mal ajuste de ciertos neurotransmisores degenera en ataque de cólera, donde la voluntad, la percepción de la realidad y su juicio moral están profundamente distorsionados.

Si esto es así, cabe plantearse cuál es el grado de culpabilidad en quien provoca daños bajo los efectos de la ira química. Desde esa óptica podrían releerse los conceptos de crimen y castigo. Nace una nueva disciplina: la neuroética.

Adrian Raine y su equipo, de la Universidad de Pennsylvania, tomaron imágenes cerebrales de 792 individuos antisociales y las compararon con las de otros 704 sujetos de control. Los primeros mostraron funcionamientos atípicos en las áreas relacionadas con juicios morales. La serotonina también sale en la foto como reguladora de emociones que incluyen las ganas de bronca.

«Es que el hambre me pone de mal humor.» No sería una excusa hueca. Alrededor del 90% de la serotonina se encuentra en el tracto gastrointestinal, y su producción exige la ingesta de alimentos. La cadena de acontecimientos es: tripa vacía, menos serotonina, se avecina enfado.

Para Sietse de Boer, desde la Universidad de Groningen, echar la culpa a la serotinina es simplista. Podría estar implicada en la violencia patológica (¿hay alguna forma de violencia no patológica?), pero no parece tan claro que sea crucial en conductas agresivas más ordinarias, dirigidas a evitar que le quiten la plaza de aparcamiento al hombre moderno, a defender el territorio del hombre primitivo, o a conseguir hembra en el caso del ciervo macho que no tiene miedo cerval.

Mediante educación por estímulos de premio, el equipo de investigadores holandeses convirtió a varios roedores en matones del grupo, acentuando sus comportamientos agresivos dominadores sobre el resto de sus congéneres. En el curso de la transformación, de Boer midió los cambios en el cerebro de los animales, encontrando que iba disminuyendo la capacidad de la serotonina para mantener el

buen humor. Se trataría de una modificación funcional (no estructural) en los receptores de esa hormona.

Por el contrario cuando los mismos especímenes bravucones, fuera del programa embrutecedor a que les estaban sometiendo, enfrentaban sucesos ocasionales que les movían a usar la violencia para sobrevivir, no se detectó esa misma anulación funcional de la serotonina.

Desde el plano evolutivo, tales episodios de tensión reactiva están presentes como mecanismo protector, que prepara al cuerpo ante la decisión de luchar o escapar. Para ello entran en efervescencia hormonas como la testosterona, adrenalina y noradrenalina.

Las transformaciones promovidas por las hormonas son las siguientes: los sentidos se focalizan, las pupilas se dilatan, el ritmo cardíaco aumenta favoreciendo la irrigación, el hígado prepara reservas de energía, los músculos quedan tensados y la digestión se detiene (no es momento para gastar recursos en procesar las lentejas). Al dispararse todos estos dispositivos, el individuo puede salvar su vida cuando sufre (o cree sufrir) agresiones que requieren actuar contundentemente. Los indecisos se quedan por el camino. Y en la cuneta dejan sus genes. Por ello la genética que favorezca la acción rápida tiende a perpetuarse frente al carácter pusilánime.

Volviendo a Hulk, a quien no conviene dejar solo mucho tiempo, la mutación del doctor Banner en una bestia incontrolada escenifica las típicas alteraciones físicas, químicas y psicológicas que experimenta cualquier otro mamífero enfadado. Dejando a un lado el cambio de color.

Tradicionalmente se ha vinculado la agresividad con la testosterona. Por eso se supone más violentos a los machos. Pero sucede que en primates con testículos extirpados desciende la pulsión sexual, pero no necesariamente la irritabilidad. Por ejemplo, Bagoas fue un implacable comandante persa en el siglo IV a.C., que asesinó al emperador Artajerjes III y a su familia, llevando al trono a Darío III, a quien también planeó eliminar. Pese a su fiereza, Bagoas era eunuco.

Otra pista a seguir sería el hecho de que muchos arrebatos espontáneos provienen de una errónea valoración de las amenazas, lo cual provocaría exageradas reacciones de huida, colaboración o ataque. Parece que determinadas configuraciones del córtex prefrontal condicionan la dificultad en evaluar los riesgos, algo que puede acentuarse en la adolescencia.

Por cierto, el temor hace tomar decisiones pesimistas, mientras que el buen ánimo conduce hacia opciones basadas en el optimismo. Resulta obvio. Lo sorprendente es que la ira incita el mismo tipo de decisiones confiadas que la felicidad.

Además, el sofoco provoca una mayor cercanía hacia el objeto irritante, lo cual ayuda a resolver y concluir el ataque de rabia. Parece que el hemisferio izquierdo está implicado en esa empatía enfurecida.

En cualquier caso, sobre este tipo de impulsos para la supervivencia es donde la serotonina no parece tener responsabilidad. Su papel sería mantener a raya las ideas violentas que pueden nacer en la amígdala.

Pero por culpables, que no quede: los niveles de cortisol definen la respuesta al estrés, y ahí quizá resida la clave química para esas respuestas desproporcionadas que llamamos furia incontrolada.

Otro neurotransmisor denominado arginina-vasopresina estaría implicado en la respuesta tipificada como «por mi hijo, mato», propia de los mamíferos. En el escenario de crímenes pasionales también sería posible encontrar huellas de esta sustancia.

Queda abierto el debate acerca del grado de responsabilidad atribuible a quienes cometen atrocidades bajo los efectos de la enajenación mental, un atenuante clásico en los juicios.

Pero el agresor nunca se va de rositas. En la Carleton University de Ottawa, Marie-Claude Audet afirma que la arginina-vasopresina provoca depresión, ansiedad y bajas defensas.

El estrés de la violencia perjudica seriamente la salud en distintas zonas del cerebro relacionadas con lo emocional. Audet hizo también sus estudios con roedores dominantes, descubriendo que son más propensos a los ataques bacterianos. La supuesta causa: el sistema inmunológico pierde efectividad a causa de la tensión derivada de mantenerse como líder por la fuerza.

No es ninguna exageración. De acuerdo con la agencia sanitaria CDC (*Centers for Disease Control and Prevention*) del Gobierno estadounidense, el 85% de las enfermedades podrían tener asociado algún elemento emocional.

El carácter irritable también es propenso a dolores de cabeza, insomnio, problemas digestivos, hipertensión, eccemas cutáneos y hasta infartos o derrames cerebrales. A Hulk, además, le pone la piel de un insano color verdoso. Definitivamente, la ira sienta mal a quien la calza.

CARNAGE

Si todos los guionistas y dibujantes de cómic se hubieran unido con el objetivo de crear el peor villano de la historia, semejante alianza hubiera engendrado la criatura perfecta para servir de mascota a Carnage.

También llamado Matanza o Masacre, al personaje se le veía venir desde niño. Cletus Kasady, nombre que figura en el pasaporte de Carnage, asesinó a su abuela cuando apenas contaba diez años. Le reservó un final similar al perro de su madre, quien como represalia estuvo a punto de matarlo. El angelito ingresa en un orfanato, donde sigue su escalada de violencia llevándose por delante a un celador, a la chica que no quería salir con él y al propio edificio de la institución, que incendió hasta los cimientos.

Solo era cuestión de tiempo que Kasady terminara en la cárcel, y allí su compañero de celda no podía ser un apagado contable corrupto, claro. Le toca vivir con un simbionte alienígena, quien inocula a Carnage los superpoderes malignos capaces de extremar su aptitud para el odio hasta límites nunca vistos…, pero sí estudiados por los científicos que intentan explicar las raíces neurológicas del rencor.

CARIÑO, ¿TÚ SABES DÓNDE SUELO GUARDAR EL ODIO?

Edmund M. Glaser ha pasado mucho tiempo enfocando distintos tipos de *objetivos*. Conectando un ordenador a oculares y *objetivos*, fue uno de los padres de la microscopía informatizada. También ayudó a desarrollar sistemas para guiar misiles hacia sus *objetivos*, cosa que no le ilusionó particularmente, quizá porque tiempo antes había apuntado el *objetivo* de su cámara hacia los médicos nazis enjuiciados en Nuremberg. Esto le permitió examinar el odio desde el punto de vista científico. Y también marcó el resto de su larga carrera.

En 2009, Glaser resumió sus impresiones para *Journal of Hate Studies*, nada menos que una revista de estudios sobre el odio. En su texto aborda las posibles bases neurobiológicas del rencor, es decir, qué parte tiene origen estructural (congénita y heredada) o qué parte es funcional (conductual y aprendida).

La mayoría de los neurocientíficos ha preferido ignorar el odio porque resulta un término un tanto vago para trabajar con él: no se manifiesta en síntomas inmediatos, como sucede con la ira o el amor, sino en un resentimiento extendido cuyo estudio exigiría pruebas prolongadas en el tiempo. No está claro si es una sola emoción o un conjunto de ellas. Difícilmente puede analizarse en otros seres vivos que no sean personas, quizá porque los animales no odian, al tratarse de una actividad sofisticada que requiere memoria y elaboración del objetivo a odiar. No es tampoco una patología definida por síntomas concretos. Más aún, la propia palabra «odio» no acota los diferentes grados de intensidad que van desde la simple antipatía hasta el total aborrecimiento.

Quien se decante por el odio, para usarlo o para estudiarlo, sufrirá contrariedades. A día de hoy no queda claro si existe en el cerebro alguna zona reservada a la ojeriza. La amígdala podría ser candidata, puesto que tercia en las emociones primarias, y está conectada además con el miedo y la memoria, dos principios activos en la manifestación del resentimiento. Sin embargo, todavía no tenemos indicios definitivos que señalen a estos puñados de neuronas.

Otro posible origen sería el desequilibrio en determinados neurotransmisores, por exceso o defecto de estas hormonas, pero de nuevo se hace cuesta arriba el diseño de experimentos que midan efectos para identificar causas.

Sería crucial concluir la investigación pendiente que delimitase las estructuras o neurotransmisores implicados en tan odiosa emoción, porque entonces podría soñarse con desarrollar inhibidores que los desactivaran, curando así esta lacra individual y colectiva, en particular para los casos de psicopatía, que podrían estar vinculados con el sentimiento de inquina.

El cerebro de un recién nacido no está del todo cableado, con toda su circuitería y transmisores químicos configurados. Los bebés heredan la anatomía directamente de sus padres. El edificio está listo, pero tras el alumbramiento comienzan a incidir factores externos que van amueblando la materia gris del niño: la alimentación, los estímulos físicos y emocionales que recibe, junto con las experiencias de aprendizaje y los mensajes de sus educadores activos o pasivos… todos son ingredientes críticos para la neuroplasticidad, que va moldeando lentamente al cerebro hasta que su portador alcanza la madurez.

Sin duda, la genética condiciona determinados funcionamientos, que luego se potencian o atenúan por elementos ambientales y culturales como los descritos.

Resulta llamativo que haya una cultura favorecedora del odio. Pero haberlas haylas, y por alguna razón será. Para determinar qué beneficios puede llevar a una sociedad la proliferación del rencor, el antropólogo Marvin Harris toma como referente la violencia desatada en las guerras de los sambia o de los maring (ambos en Nueva Guinea). Su explicación es que se trata de un mecanismo para el control poblacional, que permite una continuidad del grupo en su entorno ecológico. Exterminio verde.

La tesis de Harris es que casi todos los comportamientos «extraños» de una cultura sirven para conseguir la armonía con su ecosistema. La mejor manera de perpetuar esos comportamientos desagradables sería darles un componente ritual, religioso o de tradición, que los convierte en indiscutidos: se hace la guerra y punto.

En las civilizaciones menos sofisticadas, el control demográfico no vendría por las víctimas directas caídas en combate (la población se recupera con rapidez de esos baches), sino por otros factores adyacentes, como la práctica del infanticidio selectivo de niñas al nacer. Con ello se incrementa el número de guerreros disponibles, pues se prefiere a los varones por estar físicamente dotados de más fortaleza. Este desequilibrio entre sexos sí tiene un fuerte efecto sobre la demografía, manteniéndola dentro de la sostenibilidad que ofrece el ecosistema inmediato. También influye la exigencia a los bandos perdedores de abandonar sus tierras, lo que les permite recuperarse (a las tierras). El saqueo de asentamientos sería el remache para evitar que regresen las poblaciones que estaban terminando con los recursos. Al convertirse en algo ritual, puede radicalizarse sin que los autores se horroricen. Que se lo digan a Cartago.

Otro ejemplo típico de odio colectivo son los yanomamo, localizados entre Venezuela y Brasil. Un tercio de los varones yanomami muere de forma violenta, y la razón de tanta belicosidad podría estar en el déficit de proteínas de su dieta. No porque el hambre provoque ira (que también), sino porque la selva amazónica es exuberante en casi todo... excepto en grandes animales. Los yanomamo pelearían contra sus vecinos por mantener o ampliar sus cotos de caza, imprescindibles para la supervivencia. De nuevo se necesita una estrategia cultural que consiga implicar a los guerreros en ese odio permanente. En este caso, el incentivo a la crueldad es la expectativa de obtener alguna satisfacción como premio a su gallardía.

¿Cuál será la mejor manera de «convencer» al sujeto? Apelar a sus deseos más básicos. Una táctica podría ser privarle de alimentos y otorgárselos con la victoria, pero no parece conveniente confiar en un ejército famélico. El otro instinto por excelencia es la libido. Una tropa enardecida lo será más si sabe que su actitud beligerante conlleva medallas en forma de recompensas sexuales.

Sexo a cambio de odio. Un trueque asombroso, pero que no cabe enjuiciar moralmente si se aplican ópticas antropológicas biosociales y evolutivas, como las de Marvin Harris.

En resumen, quizá el odio no sea un mecanismo fisiológico sino cultural. La enemistad mantenida contra algo o alguien se convierte en ideología. Por tanto ya no sería preciso buscar culpables en los neurotransmisores o estructuras cerebrales.

Pero no es así: para que el rencor se asiente en el comportamiento colectivo debe compartirse, tiene que contagiarse como una infección virulenta (nunca mejor dicho). Las emociones son experiencias individuales, pero cabe comunicarlas a otros, como en un fenómeno de resonancia, mediante palabras, imágenes, sonidos o cualquier sentido evocador.

Para que esto llegue a suceder, la hipótesis de Edmund M. Glaser es que entonces tiene que existir un receptor preparado, predispuesto a acoger ese tipo de mensajes. Podría ser la mera empatía dirigida a un líder carismático. También se especula que haya en el cerebro una o varias zonas especialmente acondicionadas para el odio, presentes de origen al nacer, o bien afectadas por algún incidente que predisponga solo a determinados individuos.

Si el odio es un fenómeno «intercerebral», los estudios deberían involucrar a más de un voluntario conectado simultáneamente a observación mediante escáneres.

Por el momento, los experimentos de Semir Zeki en el University College de Londres, parecen haber identificado un dispositivo cerebral que se activa cuando el sujeto analizado visualiza imágenes que le resultan particularmente odiosas. Una foto de Spiderman dispararía la actividad de esa zona en el cerebro de Carnage.

En concreto, la ínsula y el putamen (con perdón) son áreas encefálicas distintas a las que tienen atribuciones sobre la amenaza o el miedo, pero coinciden con lo referido a la agresividad y a otra emoción que a primera vista parece opuesta al aborrecimiento: la pasión amorosa.

Resulta llamativo el paralelismo entre el rencor y el romanticismo desbocado de pasión, dos perturbaciones con desplazamiento hacia el rojo, que comparten algunos engranajes: la capacidad para percibir los sentimientos ajenos, la predicción de lo que hará el otro, la competitividad frente a un rival, o el componente liberador que conlleva manifestar tanto el resentimiento como la fogosidad, manifestaciones que pueden llevar a las acciones más sublimes y más perversas.

El amor-odio está separado por un pequeño guión. En el cerebro, la mayor diferencia entre ambos sería que mientras el arranque amoroso desconecta la capacidad de razonar, en cambio quien odia mantiene casi intacto su juicio calculador, quizá para encarnizar aún más las acciones hacia el objeto de su inquina.

Carnage sería un buen prototipo de odiante inteligente. Por eso, en su presencia más vale tener bien activos los circuitos de huida.

ANTON VANKO

Hay muchos Vankos actuando sin control. Alguno es particularmente malo.

Anton Vanko era un apacible físico en el pequeño pueblo ruso de Vlostok, al que repentinamente llega un impostor vistiendo un traje robado a Ironman. El malvado provoca una masacre, matando entre otros al padre del joven Anton, que jura venganza contra Ironman.

En otra versión de Vanko, el científico escapa a EE. UU. para colaborar con las industrias Stark. Los rusos le descubren y lo llevan deportado de vuelta a su patria, donde muere abandonado y solo, excepto por la compañía de su hijo, que otra vez jura venganza contra Ironman.

Embutido en el exoesqueleto que ha diseñado, Vanko se dedica encarnizadamente a perseguir a Tony Stark, quien a su vez viste su poderoso traje metálico. Tras la coraza de Ironman late el deseo de justicia. Tras la de Vanko solo hay pura venganza.

LA VENGANZA SERÁ (ES) TERRIBLE

Un sentimiento que parece tan humano como el desquite ofrece ventajas ante la selección natural, y precisamente por ello se da en otras especies aparte de la nuestra. Obviamente los animales gregarios, como ciertos peces y aves, resultan más expuestos. Michael McCullouhg, director del Laboratorio de Conducta Evolutiva de la Universidad de Miami, explica su origen como método de disuasión: castigar a quienes provocan daños permite mantener el respeto dentro del grupo, algo vital en colectivos donde el dominio está en permanente disputa. El temor a ser sancionados persuade a quienes busquen su ganancia perjudicando a otros. Una prueba sería que el deseo de revancha crece si la ofensa recibida la presenciaron otros: la posición de un individuo en la sociedad se tambalea si los demás creen que pueden someterlo a maltratos.

El altruismo y la solidaridad no bastarían para subsistir en un grupo cuando alguno de sus integrantes se pone farruco. Por eso, quizá la venganza fuera un recurso cultural necesario cuando todavía no se habían instaurado estamentos de justicia. En los remotos tiempos sin leyes, vengarse significaba sobrevivir. Puede que el grito de justicia y el de venganza suenen homófonos y más próximos de lo que estamos dispuestos a admitir. La justicia sería una forma de resarcimiento institucionalizada y fría. Por tanto, aceptable.

Pero sigue latente una vocación justiciera personal. Tras los atentados en Nueva York de 2001, buena parte de los estadounidenses encuestados aseguró que pagaría por matar con sus propias manos al terrorista responsable.

La sociedad evoluciona, y en Oriente Medio nació la Ley del Talión. «Ojo por ojo» no es una venganza ciega, sino precisamente la limitación en su alcance: la norma establece que el desagravio nunca será mayor que el agravio. En paralelo nace el concepto de compensación, por el cual si el ofensor aporta algo al ofendido, el ultraje queda satisfecho sin necesidad de venganza. Es la aceptación del contrato social que permite convivir.

Algunos indicios revelan que, frente a la Ley de Talión, el recurso educativo de «vete a pensar frente al espejo» funciona mejor que un escarmiento inmediato. Tanto el castigado como el castigador salen mejor parados si hay una pausa tranquilizadora.

No es extraño que popularmente se hable de este sentimiento como postre que debe paladearse con lentitud. Un equipo suizo de científicos, liderados por Dominique de Quervain, realizaron un experimento en el cual voluntarios debían formar parejas, cuyos integrantes a continuación se separaban para responder a un examen. Por cada respuesta acertada, la pareja recibía dinero. Al final del juego, se entregaba la cantidad conseguida a uno de los miembros del dúo. Pero en lugar de repartirlo a medias, se quedaba con toda la pasta. El sujeto se indignaba cuando comprendía que lo habían engañado. Lo que no comprendía es que en realidad el abusón estaba actuando, y formaba parte del equipo investigador. Entonces los científicos ofrecían al voluntario castigar a los avariciosos y quitarles todo su dinero. Pero mientras les hacían esa propuesta, le escaneaban el cerebro para comprobar qué cambiaba en su interior al tomar la decisión. Huelga decir que la totalidad de los voluntarios analizados eligió vengarse sin piedad, y su cerebro demostró lo que la sabiduría popular ya sabe: la venganza es un premio dulce, porque al optar por la represalia se activa el núcleo caudal, área que procesa el sentimiento de recompensa. Esta zona se pone en marcha, por ejemplo, cuando un fumador enciende su cigarrillo o ante un postre azucarado.

En el plano químico, la hormona que aparece mientras se cuece un desquite será la grelina, también relacionada con la activación del apetito. El ansia de cumplir un objetivo mueve por igual a Vanko y a Carpanta.

Después, una vez lograda la meta, se libera serotonina, la hormona del placer. Según Tania Singer, neurobióloga en el University College londinense, quizá nuestra psicología encuentre gusto en castigar a los culpables, y además el placer parece mayor en el caso de los varones. Una explicación sería el tradicional rol masculino en dirimir disputas legales. De nuevo la frontera entre lo vengativo y el sentido de justicia. Cuando presencia un castigo considerado justo, el cerebro activa su empatía y sus neuronas espejo, los mecanismos de la compasión, pero con menos intensidad que si ven infringir daño a un inocente.

Hay otras zonas del cerebro que también se inflaman al pensar en el desquite: la región de córtex prefrontal, encargada de planificar los objetivos. Por lo tanto, la venganza sí es un plato que se come frío.

Habitualmente suponemos que la revancha nos hará sentir mejor, pero no siempre es así. De hecho, según demostró Daniel Gilbert, psicólogo de Harvard, puede tener justamente el efecto contrario. En su experimento, se daba un dólar a cada participante, que formaban grupos de cuatro personas. Cada una podía elegir quedarse con el dinero o invertirlo en un fondo común. Para estimular la inversión, se aseguraba que al final de la prueba, sus organizadores agregarían un 40% de lo que hubiera en el bote. El montante acumulado se repartiría equitativamente entre los cuatro participantes, con independencia de si habían aportado o no al fondo común. Estas situaciones plantean un dilema: lo mejor para el grupo es que todos inviertan, pero lo mejor para el individuo es guardarse su dólar, y luego añadirle la cuarta parte de lo que haya en el bote.

Estos investigadores son unos tramposos. En cada grupo había un infiltrado que nunca ofrecía su moneda. Tras ver cómo habían abusado de ellos, los tres miembros de cada equipo fueron divididos en otros tantos grupos: al primero se le dio la posibilidad de castigar a los traidores a costa de una pequeña cantidad de su propio dinero, al segundo se le negó esta oportunidad y al último se le pidió que pronosticara cómo se sentirían los dos grupos anteriores.

De nuevo, en el primer grupo todos aceptaron la propuesta de revancha. Lo sorprendente del experimento fue que ninguno de ellos se sintió tan bien como habían previsto los pronosticadores, ni siquiera mejor que el segundo grupo (el que no tuvo la oportunidad de responder a la ofensa). Quienes se vengaron fueron los únicos que seguían rumiando contra los insolidarios, incluso tras concluir el experimento.

Puede que la única solución para Vanko sea la descubierta por Mario Gollwitzer, de la Universidad de Marburg. En un experimento similar al anterior, los participantes tuvieron también la oportunidad de vengarse quedándose con el dinero que les habían «robado», pero además se les permitió escribir una carta al ofensor. En ellas, los voluntarios expresaban que se habían quedado con todo el dinero como castigo por una actitud egoísta. A vuelta de correo recibían dos tipos de misivas: unos pudieron leer cómo el supuesto ofensor se manifestaba indignado y no comprendía la causa del enfado. La carta al otro grupo expresaba comprensión y arrepentimiento. Obviamente fue este grupo quien mostró mayor grado de satisfacción con lo ocurrido.

Ernst Fehr, desde la Universidad de Zurich, presenta un caso real de revanchismo que podría inspirar un personaje de cómic: Joseph Galli era directivo en la compañía de herramientas Black & Decker. El ejecutivo aspiraba a promocionar a un puesto superior, finalmente concedido a otra persona. La vida es así.

Galli no encajó el golpe y salió de Black & Decker jurando venganza. Contratado por Amazon, se dedicó a intentar que la librería electrónica entrara en el negocio de las herramientas, para quitarle cuota de mercado a su antigua empresa. Lo consiguió, pero el resultado económico fue desastroso para Amazon.

Podía haberlo dejado ahí, pero las obsesiones no perdonan. En tres compañías distintas, Galli ha seguido acosando a Black & Decker. Lo llamativo es que su carrera no ha dejado de prosperar. El deseo de venganza parece propicio al éxito profesional.

También es bueno para los guionistas de cómics: gracias a que Tony Stark es un ególatra, Vanko encuentra siempre motivos reales para vengarse, y los lectores tienen razones para seguir sus aventuras.

HOMBRE COSA

Theodore Sallis trabaja como químico en un laboratorio cuyo objetivo sería crear un suero semejante al que convirtió un enclenque en Capitán América. Sin embargo, en este caso el fin no es nada patriótico: la empresa pretende vender su invento al mejor postor.

Un incendio en las instalaciones funde a Theodore con las sustancias que estaba usando para producir el suero, convirtiendo al desdichado científico en una… cosa a medio camino entre ser humano, planta y elemento químico desconocido. Un tipo que no habla y que en algunas historias apenas si piensa, pero que tiene superpoderes provenientes de fuentes místicas… Menudo cóctel. Y a veces pensamos que no hay nada nuevo bajo el sol.

Pero lo distintivo en este personaje es que odia el miedo («todo el que conoce el miedo arde al entrar en contacto con el Hombre Cosa»). Se enfrenta a vampiros, zombis, fantasmas, satánicos, asesinos en serie, guerreros que viajan en el tiempo e incluso matrimonios fracasados… solo falta un banquero para que entre ellos figure el catálogo completo de nuestros terrores nocturnos. Precisamente sobre nuestras aprensiones, el mutado Theodore Sallis nos puede enseñar mucho: dónde viven tus temores, cómo borrarlos o cuándo y por qué se convierten en fobias.

MIEDOS DE TODOS LOS COLORES. INCLUSO MIEDO A LOS COLORES

La expresión de pánico es tan reconocible que podemos identificarla incluso en un desconocido. El pavor toma forma en el rostro, aunque no hace falta llegar al extremo de Kane, tripulante de la *Nostromo*, cuando Alien se le posa en la cara.

Lo que ocurre tras los gestos faciales, sin embargo, no queda tan claro. Una vez más serían las amígdalas quienes nos provocan estupor y temblores irracionales, que no podemos controlar. Del control racional se ocupa la corteza, justo bajo el cráneo. Pero eso llega luego. Lo primero es el susto, porque la amígdala corre más.

En monos a los que se extirpó esta parte del cerebro, el comportamiento se hizo confiado y pacífico... además de hipersexual. El efecto sobre seres humanos es más complejo de apreciar, pero parece que una almendra dañada supondría dificultades para reconocer expresiones en otros, y muy en concreto los signos de aprensión. También incapacita para sentir temor en carne propia. Es la enfermedad de Urbach-Wiethe.

Una paciente con esa extraña dolencia fue sometida a películas de terror, contacto con animales peligrosos, e incluso visitar una casa encantada, sin que nada de esto la perturbara. Parece que al final el valor no hay que buscarlo en las gónadas, sino encerrado en las amígdalas del cerebro. Pero sin pasarse: para los estudiosos resulta sorprendente que Juana-sin-Miedo siga viva, porque la temeridad tiene sus riesgos.

Existirían dos tipos de temor: el instintivo y el condicionado. El primero se debe a sobresaltos «naturales», como un grito, las fieras salvajes o la oscuridad absoluta. El segundo puede inducirse, como hizo Pavlov con la insalivación de sus perros al sonido de una campana. Elementos añadidos al imaginario cultural provocan sustos adquiridos. Por ejemplo, determinados alimentos que una vez sentaron mal, la simbología nazi o el cinematográfico «bip» de un detonador, para los cuales hay un aprendizaje previo que asocia esos estímulos con el riesgo. Pero semejante vinculación exige que intervenga la memoria, donde a base de repeticiones se grabó la respuesta condicionada.

Las amígdalas parecen procesar ambos tipos de reacciones (instintivas y condicionadas), y lo hacen además adaptándose al resultado, conectando y desconectando respuestas según lo que la experiencia les dicta. Por eso podría ser que sujetos que han superado fobias puedan recaer en ellas tras un episodio traumático.

En la química del asunto aparece un cóctel de hormonas neurotransmisoras, como la vasopresina que hierve la sangre, la adrenalina, noradrenalina o el cortisol, que preparan para el dilema «lucha o huye» con efectos como la tensión muscular, que encorva la espalda asustada, o la tirantez en las cuerdas vocales que hace más agudo el grito histérico.

La farmacopea del miedo incluye también personajes nuevos: el trabalenguas de la hormona liberadora de corticotropa (carambola: una hormona que desencadena la liberación de otra) o la FAAH, enzima de la superfamilia hidrolasa serina, que libera en el cerebro una sustancia muy semejante al cannabis. Altos niveles de FAAH implicarían un mayor control del pánico. Un chute interesante para quien padezca estrés postraumático.

Por otro lado, la estatmina es una proteína omnipresente que interviene en la fabricación del andamiaje celular, pero que también se encuentra vinculada a las amígdalas. Ratones sin estatmina presentan defectos al evaluar los riesgos, y sin embargo mejoran su vida social. Descuidan a sus crías («pero si no pasa nada») y se hacen los amos de la pista («a que soy capaz de…»). El problema es que no recuerdan lo que implica una situación que debería atemorizarlos y generar respuestas innatas o condicionadas, y la razón es que la proteína que les falta sirve para establecer las sinapsis entre neuronas que construyen los recuerdos. Sin memoria, no hay de qué *pre-ocuparse*.

En el córtex del cíngulo anterior existe un mecanismo que se sincroniza con la amígdala, encendiéndola o apagándola. El equipo de Joy Hirsch, en la Universidad de Columbia, quiso medir el grado de entendimiento entre ambas áreas, y para ello sometieron a voluntarios a la prueba de contemplar fotografías de personas alegres sobre las que se cruzaba el texto «Miedo», y viceversa: rostros asustados en los que aparecía la leyenda «Felicidad». Este tipo de incongruencias provocan retrasos en la inmediatez habitual entre la percepción de una imagen y su interpretación racional.

La cara feliz con texto miedoso provoca que la amígdala puentee al córtex del cíngulo anterior y se ponga a funcionar por su cuenta, pero enseguida la otra estructura la informa del engaño y ordena a la amígdala volver a su velocidad de crucero.

Cuando interviene el raciocinio, el miedo se modula. Por eso es divertido ver una película de terror o saltar en paracaídas.

Sin embargo, el pánico no suele tener nada de gracioso. Tumbarse en un diván a contar los temores puede ser un recurso para exorcizarlos, pero quizá la ciencia ofrezca una solución más directa. Volvemos a los mecanismos de la memoria: cada vez que se recuerda un suceso traemos a la consciencia un archivo del cerebro, que leemos y contrastamos. Hay entonces unos instantes en que se desestabiliza ese archivo antes de volver a consolidarlo con datos actualizados. Es como si el hecho de consultarlo implicase reescribirlo, de manera que cuando evocamos algo, la referencia no es el hecho original sino el último archivo guardado.

Thomas Ågren, en la Universidad de Uppsala, tuvo la ocurrencia de modificar la memoria interrumpiendo ese momento incierto de reescritura. De nuevo hay que conseguir voluntarios para mostrarles unas estampitas (afortunadamente, los convocados no son los de otras veces). Un calcetín, por ejemplo, sería un objeto inocuo. Si al presentarle la foto de esa prenda el pobre voluntario recibe una pequeña descarga eléctrica, poco a poco irá formándose la *calcetinofobia*. Logrado este hito histórico, a un grupo de participantes se les deja tranquilos para permitir que se asiente el recuerdo. En otro grupo se impide la reconsolidación de la memoria volviendo a mostrarles inmediatamente más imágenes de calcetines, pero sin administrarles los correspondientes voltios. El primer grupo habrá madurado su fobia y esperará el calambrazo cuando pase por una tienda de medias. En cambio, la resonancia magnética permite ver que en los cerebros del segundo grupo el temor se diluye. La explicación es que su memoria ha rebobinado hasta el punto anterior en que no había por qué asustarse de un calcetín.

Siguiendo esta línea, cabe la esperanza de que algún día los terrores puedan borrarse de la cabeza, y muchos dormirían más tranquilos, porque fobias hay para todos los gustos: a las alturas, los espacios cerrados, las arañas… presencias a las que parece natural tener un respeto atávico. Más extrañas son las aversiones contra los colores, las agujas, la gelatina, los guisantes, las barbas, el oro, las nubes… hay diccionarios enteros donde todas las entradas riman en -fobia. En otro capítulo volveremos sobre ellas, aunque de momento no se ha localizado ninguna fobia específica para el *miedo al Hombre Cosa*, quizá porque sea un compendio de todas ellas.

SUPERMAN

Este superhéroe no necesita mayores presentaciones, pero su personalidad pública es menos conocida.

Llegado del lejano planeta Krypton, a unos cincuenta años luz de la Tierra, Kal-El, llamado Superman en su nuevo hogar, aprende rápidamente que para evitarse problemas debe parecer uno más del rebaño. Así es como se «viste» de Clark Kent, hombre inseguro y esencialmente tímido: jamás confiesa su amor a Lois Lane, nunca destaca en su trabajo aunque tiene las cualidades para ello y siempre está ocultando sus verdaderos deseos. Cuando Superman se pone las gafas de pasta, se convierte en un tímido de bandera, ¿o es que esa es su verdadera personalidad? Quizá hubo algo en su largo viaje estelar que pudo afectarle al cerebro, donde una vez más reside el carácter. En este caso el carácter reservado.

Tímidos del mundo, uníos y vitoread (bajito) a vuestro héroe, porque puede daros pistas sobre vosotros mismos.

LA TIMIDEZ SE SENTÓ EN UNA SILLA, Y AHÍ SIGUE

Los poderes de Superman le permiten percibir la realidad de un modo distinto al del resto de los mortales. Muy probablemente Clark Kent, desde su introversión, también vea el mundo de otro modo. Algo así habrían descubierto en la Stony Brook University de Nueva York junto con la Universidad del Suroeste y su vecina Academia China de Ciencias: además de Superman, un 20% de los humanos nace con hipersensibilidad a la percepción sensorial. No es telepatía magufa, sino más bien una tendencia a inhibirse que se manifiesta ya de niños, cuando parecen apáticos, lloran con facilidad o expresan pensamientos profundos para su edad. La causa sería que en su entorno aprecian detalles con una minuciosidad que otros no perciben, pues en estos individuos las áreas encargadas de procesar la información visual se muestran particularmente activas mientras juzgan sutiles cambios a su alrededor.

Semejante capacidad de concentración hace que toleren mal a las ruidosas muchedumbres o que se aburran con los cotilleos insustanciales.

En esta ocasión, los voluntarios enfrentados a imágenes tuvieron que jugar a encontrar las siete diferencias. Aunque no lo celebraron con mucha efusividad, los tímidos ganaron por goleada.

Parece que ejemplares de distintos animales también muestran ese rasgo de la personalidad que los hace más sensibles a las percepciones. Se han identificado especímenes de peces y moscas de la fruta. No queda claro cómo los estudiosos se la ingeniaron para detectar el carácter observador de seres tan esquivos.

Más evidente resulta el caso de pájaros que evitaron cazar polillas en cuyas alas aparecían dibujos con forma de ojo escrutador. La causa pudo ser el temor a ser observados. En cambio, dentro de la misma especie de aves, otros individuos no tuvieron problema en capturar insectos decorados con ojos.

En su esencia química, la timidez quizá esté relacionada con bajos niveles de dopamina y serotonina, pero esto no es decir gran cosa puesto que dichos neurotransmisores se ocupan precisamente de levantar el ánimo. A la inversa, un alto nivel de GABA (ácido gamma-aminobutírico) actúa como calmante. Lo significativo es que esas

condiciones químicas parecen derivar de una determinada configuración genética, y por tanto heredable, y por tanto favorecida o penalizada por la selección natural.

Evolutivamente la proporción 20% retraídos - 80% audaces, mantiene un fondo genético de ambas personalidades: el primero pregunta y luego actúa; el segundo es al revés. Los dos son complementarios porque la conducta observadora puede suponer una ventaja competitiva para huir, o para cazar cuando las presas son escasas y desconfiadas. La maña vale más que la fuerza. Lo contrario sucede cuando la comida se mueve con rapidez o es poderosa. Entonces cuentan los músculos de acero.

¿Quién está ahí dentro analizando los riesgos de sacar a bailar o sentarse mirando a quienes podrían sacarte a ti? Efectivamente, las amígdalas incrustadas en el cerebro. Si ya desde niño una persona se muestra reservada frente a desconocidos, es probable que en su cabeza se esté imprimiendo la huella de un carácter reservado. Eso podría derivar en problemas de ansiedad e incluso fobia social. Pero tranquilos: en el otro extremo, el típico crío demasiado resuelto, que se empeña en recitar las rimas de Bécquer cuando hay visitas, podría convertirse en un ser agresivo y antisocial. Como siempre, lo ideal es un término medio. Aunque no mediocre para evitar convertirse en una medianía, como tilda Luisa Lanas a Superlópez cuando se enfada con él.

El miedo escénico no es baladí. Puede que de forma innata un 10-15% de las personas estén aquejadas por el estrés de moverse en una sociedad vigilante. Solapado con esto, alrededor de un 5% de ciudadanos en el mundo moderno sufriría fobia social, un trastorno más severo y distinto de la timidez. De hecho podría padecerse sin que el sujeto fuera tímido. Sin embargo el límite no parece muy preciso. Síntomas como haber padecido nerviosismo ante una presentación en público son tan comunes (o quizá naturalmente inevitables), que cualquiera podría entrar en la categoría. Algo semejante le ocurre a la frontera entre el niño inquieto y el hiperactivo.

La biblia de los desórdenes mentales es el DSM (*Diagnostic and Statistical Manual of Mental Disorders*). Para la fobia social, DSM-IV establece que deben cumplirse estos criterios: temor acusado y ansiedad ante exposición pública, los cuales alteran la actividad ordinaria del individuo, quien reconoce que se trata de un temor exagerado, pero aún así trata de eludir la situación que lo provoca.

Aunque sea una simplificación, que levante el dedo quien no se haya sentido así alguna vez.

De acuerdo con un estudio desarrollado por profesionales de distintas instituciones (Harvard Medical School, Universidad de Michigan y National Institute of Mental Health), se calculó que aplicando los criterios de DSM-IV, la mitad de los estadounidenses habría padecido algún desorden mental en determinado momento de su vida. Si el desorden es la norma, lo que se debería revisar es la definición de trastorno en vez de revisar el contenido del botiquín: una cuarta parte de la población estadounidense toma o ha tomado antidepresivos.

Por fortuna se prevé que la nueva edición, DSM-V, será más rigurosa delimitando síntomas.

Volviendo al ámbito del cerebro, Jennifer Urbano Blackford (Universidad Vanderbilt) señala que junto a la amígdala —precisamente junto a ella—, el hipocampo sería el otro responsable de la conducta reservada. El hipocampo parece intervenir en la formación de nuevos recuerdos, en la memoria espacial y en el sentido de la orientación. El típico tímido se desorienta, se mueve sin gracia y revive situaciones pasadas que le causaron bochorno. El hipocampo está en todas esas conductas. Una almendra y un caballito de mar se alían para avergonzarnos.

Los mecanismos de la memoria permiten una rápida aclimatación al entorno. Los desinhibidos se habitúan enseguida a lo que les resulta distinto porque las amígdalas y el hipocampo detectan o recuerdan que no hay peligro, y terminan ignorando el estímulo que a un tímido le sigue echando para atrás. Por eso los retraídos buscarían una vida rutinaria.

En este sentido, un síntoma precoz que revela escrúpulos sería el rechazo a caras nuevas. El reconocimiento facial (quién es el que tengo delante, qué humor tiene) parece ser una de las primeras habilidades conscientes que desarrolla el cerebro, por una cuestión básica de supervivencia: conviene moverse hacia donde está mamá y evitar al coco.

Pero un carácter encogido ¿puede combatirse con empeño, adiestramiento y recorrido vital? Esto es lo que hace tiempo se preguntó Carl Schwartz, del Hospital General de Massachusetts, cuando congregó a pequeños de dos años y los enfrentó a un estímulo nuevo: un robot que súbitamente irrumpía en su habitación. Al comparar las reacciones de aquellos que habían categorizado como más retraídos o más lanzados, lógicamente los primeros salieron corriendo mientras los segundos trataron de capturar y desmontar al incauto robot.

Comprobado esto, Schwartz se dispuso a esperar.

Y siguió esperando.

Veinte años después, citó de nuevo a aquellos niños ya creciditos y les encasquetó el clásico escáner de resonancia magnética funcional (fMRI), para ver cómo reaccionaban sus neuronas mientras les mostraba una batería de imágenes con rostros de personas. Tras un descanso, sometió a los jóvenes a una segunda colección de caras, entre las que se repetían algunas de las anteriores, entreveradas con otras nuevas. Quienes dos décadas atrás habían manifestado más escrúpulos, seguían revelando mayor actividad en la amígdala cuando aparecían personas desconocidas. La almendra conservaba la calma si las fotos ya se habían visto antes. En los participantes caracterizados como desinhibidos la relajación se mantenía tanto frente a rostros conocidos como desconocidos.

Para la vergüenza, veinte años no es nada. El cableado sigue ahí dentro aunque intentemos superarlo. No son necesariamente malas noticias: la capacidad de análisis de quienes se toman la vida con calma puede llevarles a un alto desarrollo intelectual.

Las gafas de sabihondo que luce Clark Kent, realmente indican que ve el mundo de otra manera. No peor, sino distinta. Pero tampoco estaría mal que se decidiera de una vez a mostrar su fortaleza ante Lois Lane.

MUJER MARAVILLA

Cuando el capitán Steve Trevor sufrió un accidente con su avión, que le hizo estrellarse en la isla Paraíso, jamás se le ocurrió pensar que vería el nacimiento de una superheroína. Trevor había caído en el país de las amazonas, una tribu formada exclusivamente por mujeres, que se encargaron de cuidarlo y sanar sus heridas.

Entonces Diana, la princesa del reino, se enamora del extranjero e Hipólita, monarca de las amazonas, establece una serie de pruebas para determinar quién, de entre sus súbditas, llevará al capitán Trevor hasta su patria y se quedará allí para luchar por la justicia... pero le prohíbe a Diana participar en el torneo. Claro que la niña se niega y se apunta al concurso cubierta por una máscara. Obviamente resulta ganadora y su madre no puede evitar concederle el deseo.

Este es el origen de la Mujer Maravilla, personaje armado con un lazo de la verdad y parido por la imaginación de William Mourton Marston, psicólogo y feminista, que además inventó el primer polígrafo... Tipo creador, este William, con una mente orientada a la verdad. Como la tuya, ¿no es cierto?

VERDAD, MENTIRA Y EL CRISTAL CON QUE SE MIRA

El escáner de resonancia magnética funcional puede ser un excelente accesorio a incluir en la ya recargada navaja suiza. Un uso adicional para ese sofisticado equipamiento médico es emplearlo como detector de mentiras, más preciso que el polígrafo inventado por el padre de la Mujer Maravilla, y que «solo» mide alteraciones en la presión y ritmo cardíaco, en la cadencia respiratoria, en la transpiración y en la conductividad de la piel.

Lo que ve la fMRI es mucho más directo: el movimiento de tropas en el giro cingulado, córtex prefrontal y área premotora, que serían responsables de focalizar la atención, evaluar recompensas, marcar objetivos, planificar, controlar errores, reprimirse o medir consecuencias, actividades todas ellas necesarias para mentir con propiedad. Esto significaría que la configuración cerebral por defecto es contar la verdad, y en cambio se necesitan mecanismos activos para la farsa.

Joshua Greene y Joseph M. Paxton, desde la Universidad de Harvard, trataron de comprobar si en realidad existe un carácter de sinceridad innata (por «gracia») frente a quienes dicen la verdad porque consiguen resistir la tentación de engañar (por «voluntad»). En sus pruebas convocaron a los participantes bajo el reclamo de localizar individuos con dotes paranormales de adivinación, que además serían recompensadas económicamente: si ante un lanzamiento de moneda ellos habían previsto que iba a salir cara y acertaban, recibían unos dólares. Cuando fallaban no había premio. Las predicciones no se anotaban por adelantado, de modo que nadie controlaba si el resultado coincidía en realidad con lo pronosticado; así que la tentación de mentir era grande. Aunque los sujetos no lo supiesen, de eso trataba el experimento, y por ello un escáner fMRI registraba su actividad neuronal.

Tras varios centenares de lanzamientos (y muchos dólares inyectados desde los presupuestos de Harvard), para los investigadores no era complicado identificar a los que aprovechaban deshonestamente las circunstancias. Bastaba con mirar la cantidad de dinero acumulada.

Quienes habían actuado con franqueza produjeron una foto cerebral poco animada. A cambio, en los impostores pudo verse un fuerte

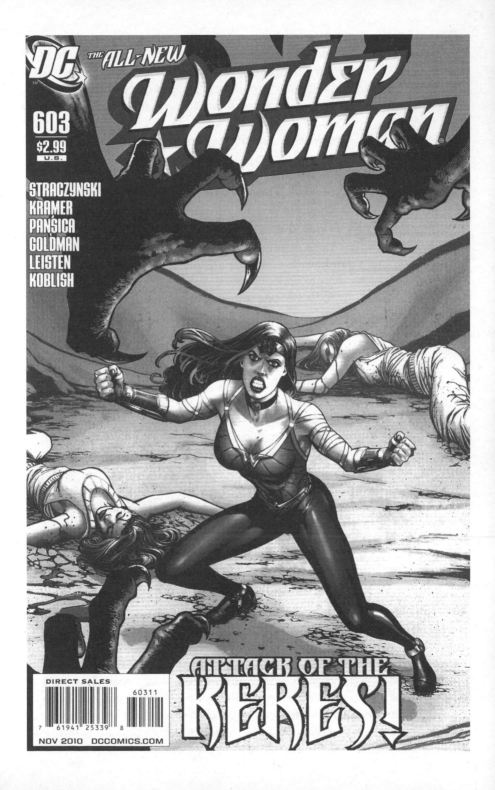

flujo sanguíneo en torno al córtex prefrontal, donde residen el auto-control y el juicio crítico, ambos en estado de alerta durante toda la prueba incluso cuando no había oportunidad de ser falsos, porque para contrastar hubo tandas intercaladas donde sí que debían indicar por adelantado cuáles iban a ser los resultados en el lanzamiento de moneda.

Por tanto, los timadores actuaban imponiendo su voluntad cons-ciente; a cambio los honestos no hicieron intervenir al autocontrol: dijeron la verdad sin pararse a pensar. Esto apoyaría la hipótesis de que en determinadas personas la sinceridad es una condición natural.

Para los otros, en cambio, tanto la franqueza como la impostura serían opciones elegidas después de analizar sus pros y contras. Recuérdese que el experimento no trataba de medir la altura moral de los participantes, sino el esfuerzo para contener el embuste, presente o ausente en el momento de la verdad.

Pero los embaucadores deben afinar sus recursos para que no los pillen. Nuestro cerebro viene de fábrica con un detector de mentiras que estaría situado en el córtex prefrontal dorsomedial. Un fallo en este mecanismo podría ser característico de la esquizofrenia, tras-torno en que la sospecha se dispara.

Estudiar algo tan esquivo requiere una técnica distinta a la habi-tual fMRI. *Be water, my friend.* Querido Bruce: *ya* somos agua (dos terceras partes de nuestro cuerpo). Por eso la mayor nitidez se logra con imágenes potenciadas en difusión por resonancia magnética, que registra dentro de esas zonas cerebrales el movimiento de agua, en lugar de sangre.

Quizá lo evolutivamente adecuado es que coexistan los que defraudan con quienes son defraudados. El cuco deja sus huevos en nido ajeno para que otros se encarguen de criarlos, pero se extingui-ría si no hubiera incautos que muerden el cebo, como el acentor común.

Igual que en los honestos innatos, el comportamiento de estos padres adoptivos es automático, sin que medie una decisión al res-pecto. Según Richard Dawkins, a un acentor le resulta irresistible la imagen de una boca abierta: su cerebro estaría programado para acu-dir a esa boca y alimentarla. Sencillamente, no disponen de la capa-cidad para detectar la patraña. Por eso un pequeño pájaro puede criar a un gigantesco (en comparación) pollo de cuco sin sospechar nada raro acerca de su paternidad en entredicho. Pero el cerebro de los acentores ¿no debería evolucionar superando su «adicción» a alimen-tar bocas abiertas? La respuesta es que perder los genes que determi-nan ese automatismo podría ser perjudicial para sus propias crías.

Por su parte, a un pollo de cuco abandonado en una familia prestada también le resulta vital que lo alimenten. Los genes que perfeccionen el engaño subsisten, porque quien no los tenga morirá cuando sea descubierto. Los genes para detectar el ardid no son tan cruciales, de modo que para ellos la presión selectiva es más leve. Además, para ganar al cuco en astucia, el acentor necesitaría desarrollar un cerebro sofisticado, cosa que quizá no le interese. Cuando eres un pájaro de pocos gramos, cualquier órgano que pida recursos extra podría desequilibrar todo el conjunto.

Robert L. Trivers, biólogo de la Universidad de Rutgers, extrema este argumento hasta la hipótesis de que los mecanismos relacionales (civismo, gratitud, simpatía, ternura, perdón, culpabilidad, chantaje emocional, envidia, etc.) serían dispositivos que han evolucionado para sostener el juego de abusar sin que la víctima se percate, frente a los sistemas para detectar atropellos. El más difícil todavía es conseguir beneficios haciendo que el donante incluso sienta que queda en deuda. El complejo despliegue del cerebro humano podría estar originado para funcionar como máquina de contabilidad, capaz de evaluar cuándo uno está dando de más o cuando se están aprovechando de él. El razonamiento matemático buscaría ese balance de ganancias y pérdidas.

Trivers va todavía más lejos: si en los animales la mentira condiciona la supervivencia (del farsante y del cándido), «entonces existirá una rigurosa selección para detectar el engaño, y ello a su vez implicaría una selección que favorezca el autoengaño, permitiendo que algunos hechos y motivos permanezcan en la esfera de la inconsciencia, para no revelar la trampa emitiendo sutiles señales provenientes del autoconocimiento. Así, el punto de vista común de que la selección natural favorece sistemas nerviosos capaces de reproducir la realidad con imágenes cada vez más precisas, sería una concepción muy ingenua de la evolución mental».

Puede que prefiramos no saber del todo cómo son las cosas ahí fuera. Quizá vivamos en un mundo *Matrix* y nuestro cerebro nos proteja de la espantosa realidad…

Hasta aquí los polígrafos naturales. Volvamos a los que se construyen. La obsesión por la seguridad está llevando a invertir centenares de millones de dólares en desarrollar aparatos para identificar impostores en aeropuertos, embajadas o delegaciones de Hacienda. Los malos, por su parte, redoblan sus esfuerzos por parecer honrados. La guerra conduce al terreno de lo éticamente admisible… en el bando de los buenos: la Universidad de Pennsylvania estudia la posibilidad de usar luz infrarroja para inspeccionar a distancia lo que ocurre dentro de la cabeza de los ciudadanos, sin que estos se percaten.

De todos modos, aún con todo ese esfuerzo, los detectores de mentiras no parecen haber avanzado gran cosa desde su invención hace casi cien años. Por ello no están generalizados como prueba judicial. Lo que diseñó el padre de la Mujer Maravilla es ahora una mezcla de encefalógrafo de alta densidad (128 sensores pegados al cuero cabelludo para detectar ligerísimos retrasos en las respuestas falsas, dado que estas requieren elaboración consciente), un escáner ocular termográfico (que mide incrementos de temperatura en torno a 0,25ºC provocados por la mayor afluencia de sangre en los capilares del ojo), junto a una cámara de infrarrojos (que sigue los movimientos oculares) y un analizador de gestos (que codifica la combinación de 46 movimientos musculares en 10.000 microexpresiones).

Sin embargo, aún diciendo la verdad en un interrogatorio, hay preguntas que requieren un tiempo de reflexión, de memoria o que disparan expresiones emocionales, síntomas que la máquina podría interpretar como indicios de fingimiento. Además, cada persona se manifiesta de un modo distinto. Añádanse distorsiones ambientales: estado de ánimo y salud en el examinado, tono de voz del examinador... incluso un fuerte campo magnético podría condicionar los resultados. En resumen, esto no es un termómetro detector de fiebre, que avisa en todos los casos a partir de los 38º C.

Por su parte, la resonancia magnética muestra que en la actividad cerebral no hay diferencia entre estar mintiendo o estar considerando la posibilidad de engañar. Por fortuna, nuestros pensamientos y ensoñaciones son más elaborados que la simple distinción entre ficción y realidad.

Y para quien siga buscando identificadores de verdad, aunque sean ficticios, ninguno tan fiable como la nariz de Pinocho o el látigo de la Mujer Maravilla.

Parte 2

LOS TRASTORNOS EN EL CEREBRO DE LOS SUPERHÉROES

Buscando la vara de medir

Para caracterizar lo que es trastorno y lo que no es, primero se necesitaría encontrar el patrón del comportamiento normal. ¿Alguien lo tiene por ahí?

Lo habitual será recurrir al registro de casos. El *Manual diagnóstico y estadístico de los trastornos mentales* (DSM), de la Asociación Americana de Psiquiatría, describe los síntomas de las alteraciones respecto a la situación promedio, y lo hace basándose en criterios de frecuencia.

Si los niños («esos locos bajitos...») aún no tienen uso de razón. Si los adolescentes han perdido el juicio. Si los ancianos arriban a la demencia, ¿qué nos queda? La edad de la madurez, que es precisamente la de quienes redactan los patrones, como el DSM, para determinar quién está trastornado. Como mínimo, es sospechoso. Recuerda a lo sucedido cuando los psicólogos comenzaron a usar el test de inteligencia Stanford-Binet: detectaron diferencias en la calidad de las respuestas entre hombres y mujeres. Quizá lo adecuado entonces hubiera sido echar el cierre y concluir que la inteligencia no puede medirse objetiva y generalmente. A cambio, lo que hicieron fue ajustar la batería de preguntas para conseguir el resultado igualitario que esperaban a priori.

Otra manera de definir la cordura sería descartar los extremos más radicales. A eso ayudan superhéroes y supervillanos, que tienen supertrastornos.

BABY DOLL

Una Shirley Temple diabólica, protagonista de un programa televisivo. Marion Louise Dahl parece una niña perfecta, con sus rizos y sus modales infantiles, pero cuando deja de aparecer en los medios y su fama cae en picado, termina recluida en un mundo imaginario que solo ella percibe: la niña decide secuestrar al resto de los componentes del programa para recuperar «familia» y fama.

La criatura se va vengando de sus antiguos compañeros con una ternura sádica, como cuando regala una tarta de cumpleaños… donde la vela es dinamita.

Su frase favorita: «No era mi intención», revelaría una carencia para medir las consecuencias de sus actos dañinos, algo característico de los psicópatas, como también la inteligencia y el carácter encantador, pero profundamente malvado. Solo la llegada de Robin, ambiguo compañero de Batman, desafía el odio enfermizo de la adorable muñequita.

¿PARA QUÉ SIRVE UN PSICÓPATA?

Paradójicamente, el término «psicopatía» no está clínicamente catalogado como una *patología psicológica* (y eso que etimológicamente lo clava). Se aplica a sujetos con problemas de psique, los cuales pueden pasar desapercibidos incluso para ellos mismos, dada la falta de conciencia que padecen. El especialista Robert Hare los define como predadores de su propia especie.

Otros indicios son la astucia, encanto, egocentrismo, empeño en conseguir sus metas, frialdad, superficialidad e infidelidad, junto con falta de honestidad y empatía. Todas estas características los llevan a ejercer profesionalmente como abogados, médicos, militares, directivos de empresa, políticos o actores como Marion Louise Dahl. En cualquier caso, donde terminan muchos de ellos es en prisión: se calcula que una quinta parte de los reclusos podría tener rasgos psicópatas.

Edmund M. Glaser menciona un ejemplo escalofriante: la carta que el doctor Sigmund Rascher envía a Himmler:

Querido líder del Reich:

Reciba mi humilde agradecimiento por su amable felicitación y por las flores con motivo del nacimiento de mi segundo hijo. De nuevo esta vez es un chico sano, aunque llegó con tres semanas de adelanto. Quizás algún día me permita usted enviarle una foto de los niños.

[...] Ya han comprobado mi pasaporte, pero aún necesito un pequeño certificado que confirme mi linaje ario. Antes de marcharme mañana, le dictaré un borrador a Nini D., para que ella se lo envíe a usted, querido líder del Reich. Quiero también agradecerle cordialmente su generoso pago puntual, de particular importancia para la madre y el niño en estos momentos.

[...] por tanto le pregunto esto con toda formalidad: ¿no podríamos disponer de dos o tres delincuentes profesionales para estos experimentos? Las pruebas se harían en Múnich, con mi colaboración, en el Centro de las Fuerzas Aéreas para Investigación sobre Altas Cotas. Por supuesto, durante los experimentos las personas testeadas podrían morir, pero es de absoluta importancia para la investigación de combates aéreos en elevadas alturas, y no podría hacerse con monos puesto que, como se ha demostrado, los monos reaccionan de modo por completo distinto. He consultado este asunto confidencialmente al cirujano adjunto, quien dirigiría las pruebas, y comparte mi impresión de que los problemas planteados solo pueden clarificarse por medio de experimentos con seres humanos (también podría usarse a imbéciles como material de testeo).

Detectas disonancias, ¿no? En caso contrario, corre a meter la cabeza en el escáner fMRI más próximo. Puede que tengas algo serio ahí dentro.

Si el psicópata no va a la montaña, la montaña va a él. En esta ocasión, los trastos de resonancia magnética se llevaron en tráiler hasta la institución correccional Fox Lake, en Wisconsin. Allí, Kent A. Kiehl y su equipo se asomaron a la mente de cuarenta presos que habían cometido crímenes semejantes. La mitad estaba diagnosticada como psicópata y la otra no. El estudio reveló deficiencias en el puente que une la amígdala (que procesa las emociones) con el córtex prefrontal ventromedial (que modula esas emociones y además intervendría en los juicios morales y elección de una conducta social). Semejante desconexión podría provocar la falta de empatía para el sufrimiento ajeno y la incapacidad para distinguir el bien y el mal. El problema estaría en que los afectados se concentran de tal modo en su objetivo que olvidan todo lo demás, con independencia de las consecuencias. Quien se cruza en su camino es un mero obstáculo a apartar o un trampolín desde el cual saltar. Las personas son objetos a su disposición.

Paul J. Zak, de la Claremont Graduate University, sospecha que la oxitocina no solo sirve para amar... los niveles de esta hormona neurotransmisora están descompensados en el cerebro de un psicópata, como astutamente intentó argumentar en defensa propia Hans Reiser después de asesinar a su esposa.

Por otro lado, la genética predispone con un coeficiente de transmisión que podría llegar al 50%. Este dato, unido a una llamativa presencia en al menos el 1% de la población, podría hacer pensar en rasgos favorecidos por la selección natural, como su capacidad para el liderazgo y el empeño por el éxito.

La pistola humeante podría ser el gen MAO-O, que codifica una enzima capaz de reducir los niveles de serotonina, la cual a su vez se encarga de tranquilizar el ánimo. MAO-A es un gen guerrero, porque solivianta a quienes lo portan. Si además el individuo está frustrado por no conseguir lo que persigue, y tiene algunos rasgos de personalidad como los citados, quizá se esté incubando un psicópata en toda regla. Baby Doll lleva bordada en el alma la lista de requisitos, pero no significa que quien acumule tales atributos termine fatalmente convertido en asesino. Algunos se limitan a hacer la vida imposible (otra manera de matar) a quienes conviven con ellos.

El diagnóstico se complica porque aunque ejerzan la agresión, tampoco todos los psicópatas son sádicos. En estos, las regiones cerebrales de la amígdala y la ínsula manifestarían regocijo frente a imágenes donde alguien sufre, y cuanto más sufrimiento, mayor activación de esas neuronas. En cambio, un psicópata muestra indiferencia: simplemente no entiende el dolor en los otros.

Tampoco es lo mismo un afectado por la fobia social, un sociópata y un psicópata, aunque las tres perturbaciones podrían ser grados cuantitativos de la misma naturaleza. Sin embargo, los dos primeros parecen tener una consciencia de sus actos que no existe en el tercero. Por otro lado, el psicópata puede no ser violento, algo más propio de los sociópatas, enemistados con el género humano.

En cualquier caso, las fronteras no son demasiado nítidas en estos asuntos, y expresiones como psicópata o sociópata suelen aplicarse a un amplio espectro de situaciones, por no mencionar otros calificativos populares como maníaco o perturbado.

Para discriminar, un detector de psicopatías mucho más simple que los aparatosos escáneres sería simplemente analizar las aportaciones en Twitter. Esta red social de comentarios comprimidos parece revelar formas de expresión características del trastorno. Es evidente el tono agresivo con abuso del término «odio» y derivados «odiáceos», pero más sutil resultan marcadores como la utilización del «nosotros», los rellenos tipo «mmmh» o la frecuencia de los puntos finales. Lo bueno aquí es el volumen de datos que pueden conseguirse para dar fiabilidad a las conclusiones. Internet no cuesta, pero puede salir caro.

Por cierto, también el psicópata va a analizar cómo te expresas. Al no entender tus emociones (que encuentra simplemente «interesantes»), se dedicará a sondearte desde el plano lingüístico, según afirma Robert Hare.

Cuidado con quién te *tuiteas*, incluso aunque parezca simpático… esos son los peores.

El carácter atractivo y seductor es, desde luego, un rasgo icónico en la psicopatía. Destaca en el caso de Ted Bundy, que acabó con la vida de al menos treinta y seis mujeres (la cifra pudo llegar al centenar), a quienes secuestraba usando unas dotes de persuasión tan sobresalientes que, incluso una vez detenido y confeso, parte de la prensa se puso a su favor. Probablemente manipuló también a los psicólogos que intentaron diagnosticar su estado. Al ejecutarlo en 1989 hubo públicas manifestaciones de tristeza y más de un llanto del público encandilado por su personalidad.

Otro ejemplar de cuidado es Robert Maudsley, que inspiró al personaje de película Hannibal Lecter. Un tipo tan peligroso que lleva treinta años aislado en una celda a prueba de balas, sepultada en los sótanos de una penitenciaría inglesa.

La maldad no está solo en la violencia desatada, sino en el modo de dañar a la víctima, con meticulosidad incluso después de asesinada, llegando a cocinar partes del cadáver o meter sus cráneos en la nevera, como hizo Jeffrey Dahmer con diecisiete personas.

Algo tan despiadado y retorcido revela una mente enferma. Desde ahí, nuevamente se abre el debate sobre la responsabilidad penal de quien no puede obrar de otra manera porque así se lo dicta su cerebro dañado. Por eso la Universidad de Wisconsin ha comenzado a ofrecer programas que combinan la licenciatura en Derecho con un doctorado en neurociencias.

Pero Frank Farley, que ha presidido la Asociación Americana de Psicología, cree que las influencias sociales y educativas son también concluyentes para que afloren psicopatías. Haber padecido abusos en la infancia sirve al individuo para alterar su concepto de normalidad y anestesiar contra el dolor propio y ajeno.

Si quien (crees que) bien te quiere, te hará llorar, entonces el *apego* se convierte en una relación atormentada y atormentadora. En sus primeros años de vida, un niño no tiene más remedio que amar a quienes lo cuidan, pero si estos le maltratan podría entender que el negocio funciona así, llegando a sentir el mismo placer que procura un afecto sano.

Y esto ¿cómo se cura? No. Primero, ¿por qué curarlo? Es algo más que cumplir con Hipócrates, resulta que un psicópata puede salvar muchas vidas si orienta sus extraordinarias capacidades hacia el lado de la luz.

La recriminación, el rechazo o el castigo no funcionarán, desde luego. Por muy complicado que resulte, solo se consigue reacción mediante el estímulo positivo: los premios por buena conducta. Pero ¿quién le pone el cascabel al gato? Baby Doll araña si te acercas demasiado.

RA'S AL GHUL

Si traducimos del árabe original, comprenderemos un poco más al personaje: su mote significa «la cabeza de demonio» y su currículum debe mantenerse fuera del alcance y la vista de los niños.

Aunque su nombre original es desconocido, sabemos que durante las cruzadas Ra's al Ghul fue médico de la corte del jeque Shalimb, cuyo hijo era un verdadero canalla.

Un día el chico enferma gravemente. Su galeno descubre que la única forma de curarlo es mezclar determinados venenos que matarán la dolencia, pero dejando efectos secundarios extremos. Remedio peor que la enfermedad. Y tan peor: el joven regresa de su agonía trastornado por una maldad insaciable, que se ceba en la esposa del inocente médico, primero utilizada del modo más abyecto y después asesinada cruelmente. Luego acusa del crimen al matasanos (aunque en este caso sería mejor hablar de «mataenfermos»), quien termina condenado en una prisión donde convive con el cadáver de su mujer y una horda de perturbados. Su destino es la muerte lenta por sed, hambre y locura.

Aunque supera el hambre y la sed, termina trastornado de resentimiento. Sin embargo, consigue huir para vengarse. En primer lugar, pasa por el Registro Civil de DC Cómics y se cambia el nombre: a partir de entonces será Ra's al Ghul, la cabeza del demonio, y su misión es borrar de la faz de la Tierra a todo el reino de Shalimb: sus habitantes, sus construcciones, cultura, lengua. Todo.

Conseguido este objetivo, sigue adelante y se convierte en ecoterrorista global: considera que la humanidad es una plaga, y él debe exterminarla para fundar sus propias utopías. Además dispone de tiempo para dedicarlo a semejante misión, ya que ha encontrado la Fosa de Lázaro que lo hace inmortal. Un sociópata con todas las letras.

NO ES NADA PERSONAL... ES CONTRA TODOS

Tres de cada cien varones y una de cada cien mujeres podrían esconder a un sociópata interior. El trastorno de personalidad antisocial conlleva falta de emociones y empatía, intrepidez, ruptura de los convencionalismos relacionales, irresponsabilidad, carácter impulsivo, egocentrismo inflado y gusto por la mentira, que culminan en rencor extendido hacia el mundo, lo que convierte a estos sujetos en seres particularmente odiosos. Eso los diferenciaría del psicópata, con quien comparte casi todos los otros rasgos de personalidad, aunque conviene insistir en que los límites no son del todo claros.

El antisocial puede adaptarse como un camaleón, aparentar normalidad mientras desarrolla una vida paralela plagada de atrocidades. No es capaz de construir relaciones sinceras y sólidas, de modo que pierde un elemento definitorio del ser humano como animal gregario. Evidentemente sufre un síndrome de aislamiento, por el cual suele saltarse las normas de conducta convencionales en esa sociedad que a su vez lo rechaza, provocando un círculo vicioso que complica la situación, porque a quien la padece le gustaría integrarse en la comunidad.

Quizá deberíamos sentir lástima del sanguinario Ra's al Ghul, algo que sin embargo él no comparte: cuando a un sociópata se lo enfrenta a situaciones que producirían fuerte rechazo o compasión, estos individuos presentan actividad moderada en las áreas del cerebro vinculadas con las emociones. Ni siente ni padece, pero ansía lograr lo que se propone y por eso sus actos pueden causar daño.

Como siempre, el origen del trastorno sería una mezcla de genética y aprendizaje, unido a lesiones que potenciarían su aparición: es sabido que amputación o inutilización de áreas cerebrales cambian el carácter de las personas. Philip Garrido tuvo un accidente de moto que le conmocionó la sesera. Terminó secuestrando a una niña y manteniéndola encerrada durante dieciocho años.

Otra fuente de alteración es la química, que genera desequilibrios en el funcionamiento de las neuronas. Por ejemplo, el consumo incontrolado de estupefacientes puede llevar al cuadro clínico, cosa que le sucede al supervillano cuando abusa de esas Fosas de Lázaro, talmente pozas de sustancias con poderes telúricos.

Por el contrario, drogas sesenteras («haz el amor») como el LSD o la psilocibina, podrían hacer que el sujeto consiguiera emociones normales. Lo dice alguien que se identifica con el nombre de Snoop («fisgón») y declara estar diagnosticado como antisocial. Según afirma en un testimonio recogido de Internet, estas sustancias: «me hicieron sentir como si verdaderamente tuviera emociones reales por primera vez en mi vida, era auténticamente feliz [no como mera ausencia de tristeza], cuando sentía una emoción, de verdad la sentía. Me vi interesándome sinceramente por los demás, simplemente porque eso me hacía sentir bien. Sentí lo que solo puedo describir como amor hacia otros. Si lo habitual en mí es ver el mundo desde mi perspectiva, me di cuenta de cómo los demás cuidan y aman a otros. [Puedo dejar de creer] que todos actúan como yo en este sentido (cosa que hago como mecanismo de protección, supongo) [...]. Bajo los efectos de las sustancias psicodélicas noto que el mundo es como debería ser, tal como suelen describirlo. El amor existe de verdad y esos que están alrededor son buena gente, con buenas intenciones, que hacen lo correcto sin esperar nada a cambio».

Clarificador. Entrar en la mente de alguien como Snoop permite un mayor entendimiento de lo que sucede. Incluso mueve a compasión. ¿O es lo que pretende? Cuidado con las manipulaciones.

Otra causa de los trastornos sociales son las experiencias vitales traumáticas, que desnivelarían el equilibrio en neurotransmisores como la serotonina. La evidencia está en el nivel de ácido 5-hidroxindolacético, metabolito de la serotonina. La concentración de este ácido en la orina correlaciona directamente con la cantidad de serotonina en los circuitos neuronales. Aquí no hay que encender el escáner fMRI: basta con un botecito para análisis.

J. F. W. Deakin, de la Universidad de Manchester, apunta que no es el único factor, pero sin duda los niveles bajos de serotonina influyen sobre el comportamiento social, y el panorama empeora cuando se unen la testosterona y el cortisol.

En cuanto a la anatomía del trastorno, hay que remontarse al pionero Andrea Verga que allá por 1851 vinculó las pautas antisociales con la presencia en el cerebro de lo que bautizó en su honor (propio) como *cavum vergae*. El ventrículo de Verga es una formación infrecuente situada tras el ventrículo de Silvio. Estas estructuras revelarían malformaciones en el sistema límbico.

Parece haber una distorsión de las percepciones de un sociópata, que le llevan a inventar (y creer) recuerdos gloriosos o capacidades extraordinarias, engrandeciendo lo propio y despreciando lo ajeno. La esfera interna que edifica puede llevarle a una ruptura con la realidad, que impide distinguir qué es elaboración mental y qué carne y hueso. Por eso no hay remordimiento si destruye algo que ha cosificado en su cabeza. Charles Manson aseguraba que era inocente, que solo cometió asesinatos con su imaginación porque no necesitaba vivirlos en el mundo físico. Le bastaba con lo que tenía en la mollera.

Un componente añadido que se revela en los últimos tiempos es el uso intensivo de medios tecnológicos, que deriva en la reclusión dentro de mundos virtuales desconectados del trato directo con personas. Internet, los videojuegos y el teléfono móvil son refugios sustitutivos.

Como forma de guerra social electrónica estarían los *trolls* de Internet, que disfrutan entrando en foros y poniéndolos patas arriba con opiniones provocadoras o saltándose directamente las normas de etiqueta en la red. Esta presencia dispara las posibilidades de que se cumpla la ley de Godwin: «A medida que se alarga una discusión *online*, la probabilidad de que aparezca una comparación en la que se mencione a Hitler o a los nazis, tiende a uno». Se trata de una *reductio ad Hitlerum*, en su formulación clásica.

Por cierto —y sin que esto sirva para cerrar ningún debate—, el *führer* manifestaría rasgos propios del trastorno de personalidad antisocial. Sin embargo, son antisociales que no se quedan solos. Existen más figuras capaces de arruinar colectivos enteros, como los iluminados tipo Marshall Applewhite, que en 1997 convenció a 38 seguidores de sus ideas para que se suicidaran. Él mismo se añadió al grupo casi el último. Pero en este recuento el récord lo tendría Jim Jones, que acabó con su propia ciudad (Jonestown) y con las 913 personas que se suicidaron bajo su influjo.

Destruir un pueblo por completo es lo que logró Ra's al Ghul. Algo no tan ficticio como parece.

BATMAN

Es conocida la historia de este millonario atribulado que, siendo niño, presenció el asesinato de sus padres. También son conocidos los archienemigos que tiene, su gusto por los *gadgets* y un atávico pánico a los murciélagos y la oscuridad.

El origen de esa fobia específica está en otro episodio de la agitada infancia que tuvo Bruce Wayne. Obelix cayó en una marmita y tuvo poción mágica para los restos. El futuro Batman cayó en una cueva tenebrosa poblada de quirópteros, y no quiso saber más de ellos durante muchos años.

Sin embargo, el superhéroe más humano venció su temor a estos mamíferos voladores nocturnos y terminó casi convertido en uno de ellos: el Caballero Oscuro.

Probablemente aquí yace la mayor cualidad de Batman: usa la razón para dominar un temor irracional. Una tarea para mentes emprendedoras y preparadas.

FOBIAS Y MITOS, SIN MANUAL DE INSTRUCCIONES

Bruce Wayne sublima sus miedos y los vuelve contra el enemigo: él sabe mucho acerca del terror que provocan unas buenas tinieblas con fondo de aleteos invisibles, y precisamente por ello aprovecha ese conocimiento para proyectar su propio temor hacia los criminales que combate en Gotham.

La quiroptofobia es una de tantas fobias específicas, en particular hacia los inofensivos murciélagos.

Quizá el miedo a estos animales provenga de la asociación con los siniestros vampiros de leyenda. Más probablemente sea al revés: los autores de secuelas de Drácula hicieron que el conde volara con alas membranosas como vía para aprovechar el recelo ya grabado en el inconsciente colectivo. La circunstancia de que realmente haya murciélagos hematófagos no parece justificar el icono literario: que se sepa, ningún escritor ha creado un monstruo chupasangre inspirado en un mosquito.

Pero entonces, ¿son inofensivos o no? En realidad son benéficos. Incluso imprescindibles. Su presencia se asocia a contagios impuros y a la extracción no autorizada de sangre, sin embargo precisamente los murciélagos evitan la propagación de enfermedades porque controlan plagas, dada su asombrosa capacidad para devorar insectos. Son también responsables de la dispersión de semillas que no podrían hacerlo sin su ayuda. Plátanos, anacardos o higos entrarían en la lista de especies en curso de extinguirse si no hubiera murciélagos participando en su diseminación.

Por otro lado, no es solo su ayuda inconsciente a favor de nuestras cosechas, sino que de manera activa los murciélagos tienen un comportamiento más bien solidario: está demostrado que los hematófagos, cuando regresan de sus correrías chupasangre, comparten con los que se quedaron en casa la hemoglobina extraída.

Sabiendo todo esto, alguien debería correr a constituir la Plataforma Internacional de Amigos de los Murciélagos, capitaneada (y financiada) por el mismísimo Bruce Wayne. Quizá sea la mejor manera de defender a nuestro propio linaje: del total de especies mamíferas en el mundo, casi una cuarta parte son murciélagos.

Y sin embargo, en más de una ocasión se los ha declarado enemigos públicos. Al menos en un episodio el origen parece definido: Texas, 1951. Una terrateniente pisa sin advertirlo a un murciélago, que se revuelve y huye dejándole una minúscula herida en el brazo (todo lo leve que puede ser la lesión provocada los dientes de un animal que se alimenta solo de semillas). Trascurre un mes. La mujer muere. El diagnóstico es infección por rabia. Este acontecimiento desencadenó la más violenta cruzada contra los supuestos portadores del virus, exterminando en EE. UU. a decenas de millones de ejemplares.

Por cierto: el virus de la rabia no suele acompañar a los murciélagos, y resulta extremadamente raro que muerdan a personas. El veredicto aquí sería de holocausto contra inocentes.

Eso sí, quienes salen beneficiados con todo este negocio de difundir el susto murcielagil son los fabricantes de productos para Halloween.

¿Cómo se llega a esta generalización del miedo? Se trata de una aversión particular que siente un individuo concreto pero que, abonada por atavismos arraigados, se difunde y amplifica. Es el efecto multiplicador que tienen los mitos urbanos (o rurales, en este caso).

Estamos ante un ejemplo de *meme*, concepto que —en paralelismo con los genes— definiría a una pieza de información con entidad propia que se blinda para perpetuar su existencia, saliendo de una mente y asentándose en otras de modo que va cobrando fuerza y consigue incluso a modificar el entorno físico externo a esos cerebros en que reside.

La razón última de la hecatombe sufrida por los murciélagos está en un fallo de discernimiento, una construcción alojada en la cabeza de quienes padecen semejantes temores infundados, que además son capaces de propagarlos entre sus semejantes hasta conseguir que esa percepción sea compartida. Por eso, entender los mecanismos cerebrales puede servir, literalmente, para salvar vidas ajenas. Si esto provoca la quiroptofobia, qué no causará la xenofobia, homofobia judeofobia o islamofobia.

Toda fobia específica se caracteriza por un temor agudo y prolongado provocado por un objeto, ser o situación, tanto si está presente como si se anticipa su llegada. Basta con sospechar que nos ronda aquello que tememos para que se dispare el pánico.

Se trata de una reacción fuertemente emocional. De poco sirve razonar que no existe amenaza real. Los miedos están con nosotros: a los ratones, a la suciedad, a las mujeres hermosas (caliginefobia), a los viernes 13 (paraskavedekatriafobia), a los rayos y truenos (astrafobia), a los payasos (coulrofobia), a conducir coches (amaxofobia), al lado derecho (dextrofobia)... así hasta llegar a la panfobia o encerrarse en la fobofobia (temor al miedo en sí).

No es difícil diseñar un experimento para investigar estos trastornos. Se calcula que entre un 3 y un 10% de la población podría sufrir algún tipo de miedo específico, de modo que basta con identificar sujetos entre tanta abundancia, meterlos en un túnel de escáner fMRI, atarlos para que no huyan y mostrarles imágenes de aquello que más les horroriza mientras en pantalla se van coloreando las zonas del cerebro que lo pasan peor. Terminada la prueba, debería analizarse si los investigadores al frente padecen de sadismo.

Por ejemplo, el partido de la aracnofobia exhibe modificaciones en el comportamiento de las amígdalas, córtex insular, córtex cingulado anterior, tálamo y circunvolución parahipocampal. Cuando las arañas están lejos, se activa el córtex orbitofrontal para celebrar que sigue vivo tras el apuro.

Ante un pequeño ser de ocho patas, semejante festival de áreas imputadas e impronunciables revela que seguimos lejos de entender lo que ocurre. Aunque el experimento fuera sencillo de plantear, los resultados desconciertan; más aún si ocurre que para cada tipo de padecimiento lo que devuelve el escáner es diferente.

El miedo es libre, libérrimo, y se ajusta a cada situación. Parafraseando el comienzo de *Ana Karénina*: («Todas las familias felices se parecen, pero las infelices lo son cada cual a su manera»), en este caso sería «todos los valientes se parecen, pero quien tiene fobia las expresa cada cual a su manera».

Sin embargo hay buenas noticias: el doctor Piergiorgio Strata, del Instituto Nacional de Neurociencia en Turín, plantea la posibilidad de tratar las fobias. Que un temor sea persistente y repetido significa que está alojado en la memoria. Por tanto tiene que dejar su huella en las conexiones sinápticas. Intervenir químicamente sobre los mecanismos de consolidación o reconsolidación de los recuerdos invocados, puede ser una vía para erradicar el pavor irracional instalado en el cerebro.

Más clásica es Katherina Hauner, de la Northwestern University en EE. UU., cuyo tratamiento consiste en exponer al sujeto a sesiones con (o contra) el origen de su fobia. La novedad aquí es que bastaría un par de horas para que alguien quede libre de sus fantasmas.

Volvamos a los aracnófobos. Hauner les explica lo temerosa (no temible) que es una tarántula, canta sus virtudes como animal fascinante, y poco a poco va haciendo que sus pacientes se acerquen al terrario donde guarda a estas criaturas; convence a los fóbicos para que las toquen primero con un pincel, luego con guantes... y las terminan acunando tiernamente con sus manos.

Tras esta proeza, el escáner de resonancia magnética funcional delata que hay activación en el córtex prefrontal, encargado de inhibir el miedo. Lo llamativo es que seis meses después, si se repite el ensayo, los participantes vuelven a acariciar a la mascota como a un viejo amigo. El escaneo tras ese periodo muestra que algo ha cambiado en el cableado de sus cerebros.

Batman sin duda hubiera aprobado y probado los métodos de Hauner utilizando murciélagos. Además, al visitar su laboratorio le encantaría juguetear con los sofisticados sistemas de resonancia magnética.

JOKER

No manifiesta temor alguno por los murciélagos, pero sí cierta precaución hacia su enemigo Batman. Joker tiene como sellos distintivos esa risa incontrolable y una mueca tatuada en el rostro. Si a ello le unimos la incapacidad para recordar hechos significativos de su vida (cosas como la causa que lo llevó a convertirse en villano) o las múltiples personalidades que toman posesión de sus actos, nos encontramos frente a un sujeto histérico.

Tan confusa es la personalidad de Joker que, refiriéndose a qué ocurrió en el pasado para que hoy tuviera el rostro extrañamente contorsionado, él mismo asegura: «A veces lo recuerdo de una manera y otras veces de manera diferente… Si voy a tener un pasado ¡Que sea de opción múltiple!». Histérico. Que alguien lo abofetee.

¿HAY ALGÚN MÉDICO ENTRE EL PÚBLICO? LA HISTERIA ESTÁ EN PELIGRO DE EXTINCIÓN

Desde la década de 1960, los componentes del término «histeria» se han ido recolocando en distintos cajones hasta dejarlo prácticamente vacío de sentido. Quizá porque ya empezó mal: el vocablo histeria viene de la palabra francesa que designa al útero. Como mínimo, es preocupante denominar una afección psicológica ligándola a un órgano reproductor femenino.

Claro, que en la antigua Grecia se creía el causante de la histeria eran los cambios del útero, pero no meras modificaciones de su estructura o funcionamiento, sino un cambio de posición dentro del cuerpo. Para los muy helenos, esta pieza navegaba libremente por el organismo de la mujer, y al hacer escala en el pecho sobrevenía la histeria. Qué tiempos. La fisiología era más divertida entonces.

De todos modos, lo que sabemos ahora es que la neurastenia no es una enfermedad como tal, sino una manifestación que brota en episodios más o menos prolongados, pero tras los cuales el sujeto siempre vuelve a la completa normalidad. Entre los síntomas está el dolor abdominal, palpitaciones, temblores (o rigidez) que dan paso a un pequeño desmayo seguido de la crisis cuasi epiléptica, manifestada en ahogo y convulsiones, que resuelve en la característica contorsión crispada con adorno de gritos epónimos, para terminar en un ensoñador trance y paulatina recuperación de la plena consciencia. Todo un cuadro.

Pero el problema no proviene de daños en la estructura de neuronas o sistemas cerebrales, que se muestran intactos. Se trata de algo funcional relacionado con la coordinación motora, pues en todos los síntomas intervienen músculos. Durante un episodio prolongado puede solicitarse a quien lo sufre que se levante, o que mueva una mano. Comprenderá la petición (hay consciencia), intentará cumplirla (hay voluntad), tendrá recursos para hacerlo (hay una mano en buen estado), pero será incapaz de ejecutar el movimiento (nada, no hay manera).

Así que la mueca de Joker no es intencionada. Quizá por ello le resulta imposible recordar de dónde le viene: apareció ahí un día sin que él se lo ordenara. Tampoco la siente plantada en su cara. Para él no existe mientras no se mire a un espejo. Pero nada en sus músculos faciales impediría recuperar una sonrisa normal. Se trata de algo (la denominada conversión histérica) que le imposibilita controlar su cuerpo.

Esta circunstancia motiva que al trauma de un ataque histérico se le añade una complicación exógena: quienes lo contemplan tienen la sospecha de es fingido.

La ciencia no prestó demasiada atención a un trastorno identificado con las mujeres quizá hasta que ellas mismas pudieron ocuparse del asunto. Ahora disponemos de científicas y también de tomografía de emisión de positrones (TEP). Por ejemplo, la doctora Robin Annette Hurley ha usado esta técnica para identificar qué áreas del cerebro actúan o se retraen durante los ataques de nervios. En cambio, Deborah N. Black afirma que persiste un cierto prejuicio, incluso en ella misma cuando reconoce que, ante esos episodios, no puede evitar pensar que algunas reacciones le resultan exageradas.

Las modernas neuroimágenes evitan subjetividades a ambos lados de la pantalla, y revelan que hay algo real impidiendo moverse con normalidad a quien está bajo el influjo de la histeria. La paralización o los temblores son efectivamente un producto de la tensión, porque los centros que rigen las emociones (córtex cingulado anterior) bloquearían a las áreas motoras primarias.

Omar Ghaffar, del Sunnybrook Health Sciences Centre (Toronto), comprobó la diferencia entre un miembro sano pero paralizado y otro normal de la misma persona. Por ejemplo, al pellizcar al paciente su mano derecha (pongamos que es la normal), reaccionan los centros sensitivos del hemisferio izquierdo. Esto no es nuevo: la coordinación de cada mitad corporal queda a cargo del hemisferio cerebral opuesto. Seguimos. Al pellizcar la mano izquierda (paralizada) se activan los centros emotivos del hemisferio derecho y anulan la reacción motora. Confirmado: las emociones mandan sobre los músculos.

Ahora bien, al pellizcar ambas manos a la vez, el cerebro reacciona y ordena que se retiren las dos. La explicación de Ghaffar es que se ha logrado distraer al área de las emociones, haciendo que la mente se concentre sobre una estimulación bilateral. Si les damos otra cosa en qué pensar, las neuronas dejan en segundo plano a la tensión emocional.

Entonces, para recuperar a alguien aquejado de un trance histérico hay que entretenerlo. Joker tiene muchas ocupaciones a las que dedicar su privilegiado cerebro. Pasatiempos no le faltan, pero si te lo topas por la calle, no hagas experimentos con pellizcos. Su sentido del humor es un tanto particular.

Por ejemplo, esa inteligencia y socarronería del personaje le han permitido sintetizar un gas letal, causante de la típica reacción de rechazo inmunitario generalizado, que cursa con alteraciones de color en la piel y teñido automático del cabello, virando hacia el verde. La sustancia también provoca en sus víctimas el esbozo de una sonrisa histérica.

Lo desmedido de estos procedimientos con su punto burlón, hacen pensar que el enemigo de Batman sufre un «trastorno histriónico de la personalidad», que es uno de los nombres en que ha derivado la clásica histeria.

Tomada la palabra en sentido laxo, la histeria como ataque de pánico tiene otra rareza: la posibilidad de ser «colectiva». ¿Puede contagiarse un trastorno pasajero en el que no intervienen bacterias, virus ni sustancias tóxicas? Pues parece ser que sí. El responsable se llama cortisol, una hormona liberada en momentos de estrés. Tales situaciones, cuando son contempladas por otros, remueven a las neuronas de quienes observan, pasando a imitar el comportamiento estresado. Esto va generando un fenómeno de somatización en grupo, cuyos integrantes propagan exponencialmente los efectos a partir del primer individuo enajenado por la tensión.

Volviendo al individuo enajenado por excelencia, el Joker, los manuales de diagnóstico añaden a la histeria dos nuevas manifestaciones llamativas y no excluyentes: la primera es el trastorno de identidad disociativa: personalidades múltiples que gobiernan la conducta del paciente. Además, cada una de ellas no recuerda a las otras. El propio sujeto ignora que dentro de su cabeza habitan varias identidades.

La disociación de personalidades resulta crónica pero no innata como trastorno. Al nacer, los niños no tienen aún desarrollado el sentido de identidad unitaria. De hecho, la percepción de ser un «yo» podría depender de la empatía de un cerebro que se ve reflejado en otros. Un ser aislado iría perdiendo la consciencia de su propio cuerpo. Experiencias traumáticas o falta de afecto podrían impedir el cableado integrador en el cerebro, y provocar la imposibilidad para asimilar que una es una, en vez de muchos (lo anterior va en femenino, dada la significativa mayor frecuencia de la disociación en mujeres que en hombres).

La segunda de las manifestaciones peculiares parece justo lo contrario a la personalidad múltiple: una despersonalización en la cual el individuo se contempla a sí mismo y a sus pensamientos como si los viese desde fuera. El propio cuerpo convertido en algo ajeno. En este caso la causa podría ser también el impacto de un suceso con fuerte carga emocional, pero también el consumo excesivo de alucinógenos o marihuana. La tomografía por emisión de positrones detecta anormalidades metabólicas en el córtex posterior, lóbulos temporales, parietales y occipitales. O sea, casi todo el cerebro. El escáner fMRI registra fuertes flujos sanguíneos en zonas que regulan emociones, junto a una menor actividad en áreas relacionadas con procesamiento de la información. Quizá nuevamente la fórmula para retomar la normalidad sea obligar a las neuronas a trabajar analizando el entorno, lo cual refuerza el procesamiento de datos, unido a fórmulas que rebajen el estrés para descargar a las áreas de regulación emocional. Lo que sea, con tal de hacer que el sujeto regrese a su cuerpo y deje de pasearse por ahí suelto.

La personalidad múltiple y la sensación de consciencia desplazada son dos rasgos de la histeria que aparecen tras el comportamiento de Joker. El cambiante guasón debió tener alguna mala experiencia en su infancia. El problema es que no la recuerda. Para calmarle, un sedante y un sudoku que lo mantenga entretenido.

Por último se debe insistir en que si el supervillano tiene histeria, eso no es una enfermedad. Resulta aún más perturbador saber que él tiene plena posesión de sus facultades mentales... excepto cuando le da el ataque histérico.

DR. MANHATTAN

Un hombre azul, con el esquema de un átomo de hidrógeno tallado por él mismo en la frente, y con la capacidad de reconfigurar la materia a su antojo. Así es Jonathan Osterman.

Este científico quedó atrapado en una cámara experimental de «campos intrínsecos» (según la ciencia del cómic, son los que mantienen unidos a los átomos). Allí dentro pudo ver cómo su cuerpo resultaba despedazado... para volver a unirse más tarde con nuevos poderes y rebautizarse con el nombre de Dr. Manhattan.

A las ventajas se le unieron algunos problemillas. Osterman tiene una total incapacidad para leer las emociones de quienes le rodean. Por eso prefiere el aislamiento y puede pasarse días completos compulsivamente dedicado a una tarea repetitiva. Estas conductas bien podrían retratar a un autista.

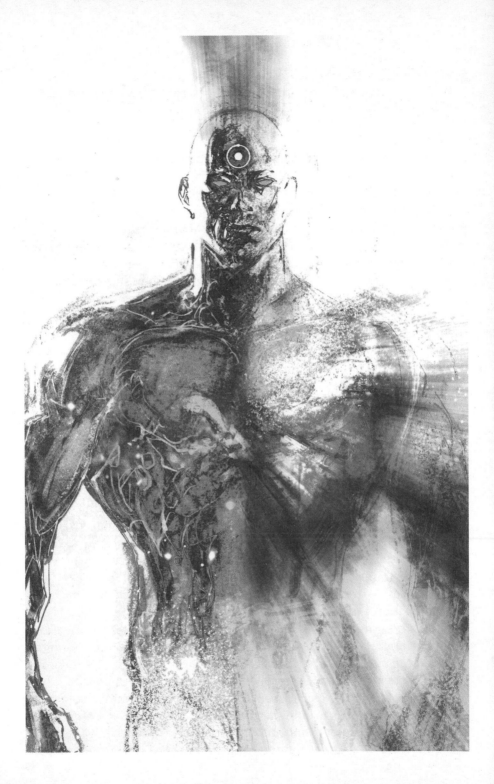

El AUTISMO:
LA DESCONEXIÓN INTERIOR

Los propios descubridores de este trastorno debieron contagiarse de un cierto autismo, al menos en su acepción coloquial: Hans Asperger y Leo Kranner lo caracterizaron casi a la vez, sin conocerse el uno al otro, encerrados en sus respectivas clínicas de Viena y Baltimore. Sin embargo, aún desconectados como estaban, sorprendentemente coincidieron en asignarle el nombre de autismo para hacer referencia al foco sobre el «yo» que parecen manifestar quienes lo padecen.

Marcel Just, de la Universidad Carnegie Mellon, ha sometido a personas con autismo al sondeo mediante escáner de resonancia magnética, descubriendo que algo falla en la armonizada sincronización que debería existir entre las distintas partes del cerebro, en particular la delantera con la trasera. Just lo compara con un baile que ha perdido ritmo, quedando descoordinado.

La metáfora es válida, porque una posible terapia para cerrar esa escisión sería utilizar la danza: al concertar movimientos corporales, las distintas partes del cerebro tienen que ponerse de acuerdo. El efecto crece cuando el aprendizaje se produce por imitación de un modelo bailando. Vale incluso un muñeco animado, si eso evita rechazos en el autista.

Por otro lado, la idea de la desconexión también ayuda a entender por qué le resulta complicado a un autista reconocer las expresiones de las caras, proceso que requiere combinar información visual y emocional que se procesan en áreas distintas del cerebro, precisamente las zonas incapaces de comunicarse correctamente cuando se padece este trastorno.

Por cierto, se ha sabido que las fibras neuronales que conectan esas diferentes áreas no forman la imagen del típico revoltijo enredado, sino que quizá sean una perfecta retícula ortogonal en tres dimensiones, cuyas líneas cortan en ángulos rectos. Lo único es que para luego apretar esa estructura en el cerebro, se la debe apretujar y torcer, lo que origina el inextricable desorden aparente. Quien ha sido capaz de encontrar esa geometría escondida ha sido Van Wedeen, de la Harvard Medical School, y una de las derivadas que tiene su hallazgo es entender cómo unos pocos genes pueden levantar la arquitectura de algo tan complicado como el córtex. La respuesta es que su organización es más cuadriculada de lo que parece a primera vista, y por eso se necesitan menos instrucciones para construirla.

Si esos planos eran defectuosos, o el jefe de obra no los siguió con fidelidad, el resultado sería un enlace impropio entre los distintos «servidores» del cerebro. Por eso el autismo se manifiesta en edades tempranas, cuando la mente se encuentra en desarrollo. La buena noticia es que, igual que sucede con la dislexia, las soldaduras insuficientes podrían reforzarse mediante ejercicios mentales. Gracias a la prolongada plasticidad de las neuronas, que permiten al cerebro seguir adaptando su intraconexión durante toda la vida, puede haber esperanza de reconstrucción en un paciente autista.

Respecto al causante de la rotura de cables, dada la heredabilidad del autismo, hay que buscarlo en los cromosomas. Parece haber multitud de genes involucrados. Por ejemplo, desde la Universidad de Basilea sugieren que el denominado Nlgn3 podría ser uno de ellos. El equipo de Peter Scheiffele investiga este gen ante mutaciones que alteran el flujo de información en el cerebelo (como un pequeño cerebro adicional situado debajo del grande). Estas mutaciones harían que las sinapsis se interrumpieran o redirigiesen a lugares equivocados. También aquí la neuroplasticidad permitiría corregir lo ya construido, en este caso con fármacos.

Por citar otro, el gen NOS1 pone a disposición del cuerpo en desarrollo elementos necesarios para que maduren los centros encargados del lenguaje y la toma de decisiones. Para activar este gen, debe estar presente la proteína FMRP. Ante idénticas disfunciones del gen, un ratón no manifiesta síntoma alguno mientras que en el ser humano aparecen problemas como el centrado de la atención, propios el autismo. Para Kenneth Kwan, de la Universidad de Michigan, esta sensibilidad mayor en las personas es el precio que pagamos por nuestra inteligencia. El cerebro de un ratón es más resistente a los fallos. Nada nuevo: ya sabíamos que los coches más sencillos se averían menos, pero una interpretación más profunda es que al desarrollar nuestras capacidades mentales, nos volvimos más propensos a perderlas.

Un enfoque distinto lo aporta Ilan Dinstein, compañero de Marcel Just en la Universidad Carnegie Mellon, que no busca zonas disfuncionales ni cables desconectados, sino una configuración atípica que afecta a todo el conjunto, y que habría aparecido durante la etapa del desarrollo del cerebro. Esta alteración provoca percibir la realidad de manera diferente.

Por eso los sentidos de un autista funcionan de modo distinto al resto de la gente. Determinados sonidos o el ruido intenso lo anulan. Evita las novedades, pero le fascinan los procesos reiterativos. No quiere mantener conversaciones. Entiende los números como algo con lo que relacionarse e identificarse, pero hacia las personas no manifiesta empatía emocional. Puede que no le guste que lo achuchen, pero tiene una necesidad física de notar presión apretando su cuerpo (por eso existen túneles abrazadores, para cubrir esa necesidad sin recurrir a personas de carne y hueso). Es un mundo sensorial aparte, que estaría distorsionado en comparación con lo que percibe un individuo considerado normal.

Para V. S. Ramachandran, de la Universidad de California San Diego, el hecho de que un autista tenga dificultades para imitar las acciones de otro le hizo sospechar de las neuronas espejo. La implicación parece más evidente cuando concurren otros síntomas característicos, como las faltas de empatía y capacidad para leer las intenciones ajenas.

Recordando lo que hacen las neuronas espejo, consiguen reproducir las órdenes que permitirían a un sujeto imitar los movimientos que está contemplando en otro. Atención: solo se diseña la secuencia de pasos a dar, pero no se ejecuta porque los centros motores abortan la operación. Sin embargo, la actividad planificadora de las neuronas espejo deja un rastro detectable… que no existe en los autistas.

Las amígdalas también se encuentran bajo sospecha. En su tarea de rastrear automáticamente riesgos en el exterior y preparar respuestas emocionales rápidas («lucha o huye»), puede ser que las almendras excedan su celo y provoquen al autista un exceso de información en bucle: me parece que hay un peligro así que te preparo para afrontarlo, la consciencia dictamina que no es para tanto, las amígdalas insisten incrementando las alarmas, el otro dice que tranquilas, ellas que tengas más cuidado… Si esta amplificación se repite durante la infancia, cuando el cerebro está cableándose, termina fijada como mecanismo convencional. Entonces el mundo se vuelve un lugar peligroso. Mejor concentrarse en aprender la lista de los números primos, que no me supone sobresaltos.

En ese mundo peligroso no hay humor, ironía, metáforas, dobles sentidos, fantasía. Todo es literal. Todo amenaza. Por eso el pobre Dr. Manhattan está siempre tan serio.

Una manera de tratar ese aislamiento mental y social que persigue el superhéroe azul podría ser administrarle una chuche de cuidado: el éxtasis, droga socializante que manejada con precaución podría mejorar las habilidades relacionales del sujeto, gracias a la capacidad que tiene para despertar neurotransmisores empatógenos. La prolactina y la oxitocina son hormonas que también refuerzan los vínculos con el prójimo, empezando con la madre, de quien depende el recién nacido.

Como curiosidad, otro tratamiento que se ha propuesto sería aplicar enemas con gotas de… lejía. Se trata de un curalotodo denominado Solución Mineral Maestra, MMS, a base de clorito sódico (de acuerdo: la lejía es hipoclorito, pero queda cerca). La idea es usar un oxidante débil que acabe con las bacterias patógenas anaerobias al exponerlas al oxígeno. Lo que hace la lejía al desinfectar, vamos.

Los seguidores de la MMS han llegado a constituirse como secta, dirigida por la obispa Kerri Rivera (con clínica pero sin formación médica) y el obispo Jim Humble (eterna sonrisa bajo eterno sombrero con una especie de gema en la frente). Ellos aseguran que pueden terminar con una malaria en cuatro horas y que han curado a niños autistas, aunque el coste sea provocar nauseas, vómitos, diarrea y fiebre… además de aprensión en quien conoce el método. Quizá pueda tener más futuro como sistema preventivo: a ver quién se atreve a contraer la enfermedad si la cura exige un inocularte lejía por vía rectal.

De todos modos, sería una propuesta interesante para el Dr. Manhattan. A lo mejor se le quita esa rigidez tan formal que lo caracteriza.

HARVEY DOS CARAS

Harvey Dent era el alcalde de Gotham City, un tipo duro e incorruptible, que trabaja codo a codo con Batman combatiendo al mal. Esto le convierte en imán para las venganzas de los tipos menos agradables de la ciudad.

Hay distintas versiones sobre la conversión del riguroso edil en el voluble Dos Caras. La más aceptada sería que, durante un proceso judicial, el mafioso interrogado le arroja al alcalde un ácido que le deforma media cara. Desde ese momento, Harvey sigue manteniendo su fama de alcalde incorruptible: no se alía ni con unos ni con otros. Directamente se los carga a todos por igual, vistiendo un traje mitad blanco para su perfil impoluto y mitad negro para su lado oscuro. Harvey Dos Caras conserva en parte su personalidad, pero conviviendo simultáneamente con una nueva forma de ser. Ambas tendencias luchan en su interior, dos caras de la misma moneda en eterna pelea para gobernar al gobernante.

¿QUÉ TOCA HOY?

La alternancia entre apatía y obsesión se llamaba antes trastorno maníaco depresivo. Los tiempos cambian, y bipolar es ahora como se denomina a ese individuo que transita drásticas variaciones de humor, en ciclos que pasan de la eufórica hiperactividad a la postración sin consuelo. La duración de estas alternancias puede ser desde un día hasta meses.

Para describir el trastorno se ha usado la metáfora de llamarlo «epilepsia emocional», y la comparación no es descabellada cuando en ambos casos el cerebro experimenta fuertes descargas en el fluido eléctrico que circula por su interior. Esto es en la fase maníaca. En el intermedio depresivo saltan los fusibles, se va la luz y todo es inactividad.

Analizar las causas del bipolarismo implica combinar la genética, las condiciones del entorno durante el desarrollo cerebral, la fisiología, la bioquímica y la física de las neuronas.

Las amígdalas, como epicentro en estímulos de alto impacto, son capaces de acostumbrarse a determinadas situaciones de tensión cuando se repiten. El aprendizaje se archiva en el hipocampo, que conserva el recuerdo de esos episodios ya superados, a los que no se debería temer. En los pacientes con trastorno bipolar podría fallar la memoria de los sustos intrascendentes, y por tanto llevar a que el sujeto siga viendo peligro aunque otras veces no le hubiera pasado nada. El estado de ansiedad no se apaga.

Otra zona determinante podrían ser los núcleos del rafé, que conforman el tallo encefálico y se encargan de liberar serotonina en el cerebro. En bipolares el proceso quizá funcione defectuosamente, provocando carencia o mal aprovechamiento de esa hormona, lo cual conduce a depresiones, falta de concentración y anquilosamiento de neuronas.

Sin embargo, el cerebro bipolar podría por el contrario producir mayores cantidades de monoaminas, entre las que se encuentra la serotonina (también la dopamina o la noradrenalina).

El habitual escáner de resonancia magnética no permite ver nada extraño al respecto. Por eso, en sitios como la Universidad de Michigan usan marcadores radioactivos específicos, elegidos por adherirse concretamente a las células endocrinas que liberan monoaminas. Posteriormente, las tomografías por emisión de positrones (TEP) se

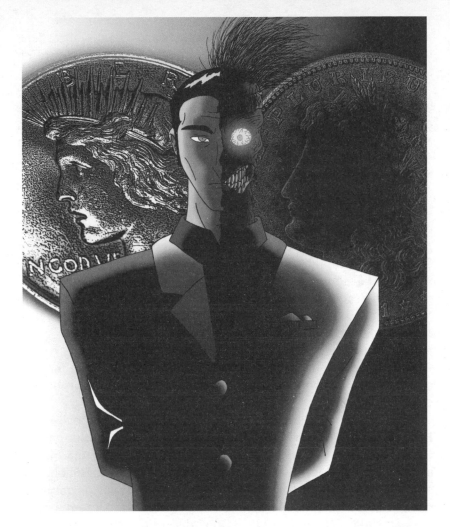

encargan de localizar al marcador radioactivo dentro del cerebro. Así puede compararse la intensidad de su presencia en sujetos bipolares frente a quienes no tienen ese trastorno. Cuanta más radioactividad se registra en un punto, más concentración de células generadoras de hormonas. Estas pruebas determinan que el trastorno bipolar implica una densidad significativamente alta de centros productores de monoaminas. Por tanto, la actividad de los neurotransmisores resulta mayor que la esperada en un individuo sano, afectando a las funciones cognitivas y sociales, la ejecución de tareas o el aprendizaje verbal.

Jon-Kar Zubieta, uno de los responsables de esta investigación, estima también que la manera en que se configura el cableado del cerebro es distinta a lo habitual. Estos aspectos funcionales hacen pensar en el origen genético de la enfermedad. De hecho, en gemelos idénticos cuando uno de ellos manifiesta el trastorno, el otro tiene muchas probabilidades en su contra. Concretamente lo sufrirá en aproximadamente un 70% de los casos.

Tradicionalmente se ha creído que el bipolarismo de base biológica puede no revelarse nunca, o solo si durante una etapa vital concurren factores externos que lo hagan aflorar. Sin embargo, Carmen Moreno contabilizó, en el Hospital Universitario Gregorio Marañón de Madrid, que en una década se había multiplicado por cuarenta el número de pacientes bipolares... y menores de edad, algo que hasta entonces se descartaba de manera sistemática. El diagnóstico generoso puede ocasionar abuso farmacológico y daños al enfermo. Lo preocupante, aparte de tratarse de niños, es que dicho aumento no es porque eduquemos peor, comamos porquerías o nos irradien con teléfonos móviles. La causa de la mayor prevalencia es simplemente un nuevo lanzamiento editorial. El cambio de criterio en las convenciones marcadas por la guía de diagnóstico DSM, que cuando Moreno hizo su estudio acababa de publicar la cuarta edición, hizo que los médicos aplicaran criterios más amplios al determinar quién padece el trastorno.

Rebajan el listón a la etiqueta bipolar, entra un poco de todo, se abre la veda para firmar recetas de benzodiacepinas, y los problemas crecen.

Una de las personas que más sabe sobre el trastorno bipolar es Kay Redfield Jamison, de la Universidad John Hopkins. Entre sus pacientes se encuentra la propia Kay Redfield, que desarrolla una intensa actividad como docente y escritora, combinada con apariciones en medios, estudios de medicina, psicología, neurofisiología, gramática o zoología, tres bodas en su trayectoria personal... y temporadas desaparecida dentro de sí misma por depresión, episodios que en algún momento le llevaron incluso al intento de suicidio utilizando el mismo litio que toma como tratamiento.

Lo que ella dice acerca de la enfermedad (*su* enfermedad) es que «hace tiempo abandoné la noción de una vida sin tormentas. La vida es demasiado complicada y cambiante [...]. Al fin y al cabo, los momentos individuales de inquietud, desolación, convicciones imbatibles y entusiasmos descontrolados, son los que dan forma a nuestra vida, los que cambian la naturaleza o el sentido de nuestras obras, y los que dan color y sentido último a nuestros amores y amistades».

Durante los episodios eufóricos, los bipolares como Dos Caras adquieren superpoderes: creatividad, ingenio, astucia, penetración, menor necesidad de sueño, mayor energía e incluso más resistencia física y capacidad sexual. Están en la cima del mundo, y el mundo debe rendirse a sus pies.

Lord Byron pudo sufrirlo, mostrándose como paradigma del Romanticismo cultural y político, una corriente muy dada a la palidez grave, las ojeras y el permanente luto por los amigos suicidas, pero intercalada también con arrebatos revolucionarios para defender a los oprimidos.

Van Gogh encarna otro modelo, el de la bohemia que alterna el fatalismo de la derrota con las apasionadas juergas de absenta. A la lista de posibles bipolares con acusada creatividad artística podrían añadirse nombres de egregios gruñones como Ernest Hemingway, F. Scott Fitzgerald, William Blake, Walt Whitman, R. W. Emerson, Piotr Ilich Tchaikovsky o Sergei Rachmaninoff. Distintos estudios llegan a cifrar que alrededor del 40% de los grandes artistas habrían sufrido algún momento diagnosticable como depresión, seguido de rachas de entusiasmo en el que las ideas y la producción galopan.

Pero, niños que leéis esto: no hagáis experimentos en casa dejando de tomar la medicación para pintar el cuadro que os llevará a la posteridad. Las cosas no funcionan así. De hecho, parece que los citados artistas no padecían la forma severa del trastorno bipolar, si es que padecían alguna, que en esto del genio con genio hay mucha pose.

MR. X

Piensa en un personaje cuya profesión es la arquitectura. Piensa que construye una ciudad desde cero, guiado por los principios de la «psicotectura» (combinación de psicología y arquitectura), influido por los diseños de Bauhaus y la película *Metrópolis* (1927) de Fritz Lang. Piensa cómo sería habitar Radiant City. Vamos, piensa un poco.

Ahora saca las conclusiones obvias: los habitantes de esa urbe terminan todos desquiciados y su diseñador consume sustancias heterodoxas, que le provocaron ideas aún más heterodoxas.

El gran arquitecto, Mr. X, decide corregir la distopía que ha creado, arruinada por gánsteres como el espantoso Zamora (el nombre no da mucho miedo, pero el tipo es aterrador). Para cumplir su misión, Mr. X trabaja día y noche. Literalmente. Prácticamente no duerme gracias a que toma *insomalina*, droga a la que se ha vuelto adicto.

No siempre es bueno darle a tu cerebro lo que te pide.

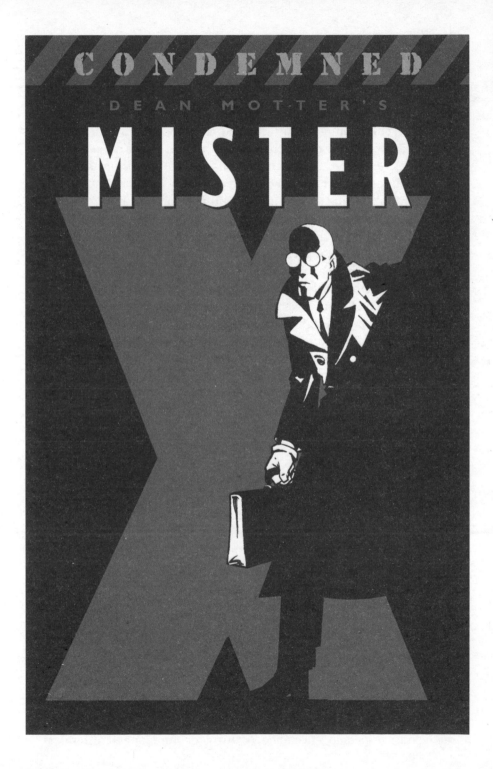

PELIGRO: ENGANCHA

Si nuestro comportamiento está regido por sustancias que viajan dentro del cuerpo, inocular otras sustancias desde fuera podrá provocar modificaciones de conducta. El reino animal ofrece muestras preocupantes: en Túnez, la hormiga reina de *Monomorium santschii* puede ocupar un hormiguero de otra especie y convertir a sus habitantes en zombis que derrocan a la legítima monarca. En Costa Rica, la oruga de *Thisbe irenea* recluta guardaespaldas forzados entre hormigas de la familia *Ponerinae*, que bajo el influjo de la droga que le administra la oruga, se pega a su patrón y lo defiende asesinando a todo el que se mueva alrededor, llegando incluso al ataque suicida.

Lo del insecto «asesino» parece exagerado, pero no lo es tanto: la palabra tiene una etimología sin confirmar que significa «fumador de hachís». Los asesinos serían los *Hashsha-shin*, seguidores del «Viejo de la montaña» (Hassan Al Sabbah) que cometían delitos bajo el influjo del hachís o de su síndrome de abstinencia.

Depender de algo significa no poder controlar el comportamiento, aún sabiendo el daño que causa en el propio adicto y en su entorno. Quien está en manos de una adicción busca compulsivamente satisfacerla, bien sea consumiendo una sustancia (alcohol, nicotina, glucosa, cocaína, grasa…) o consumando una actividad (juego, sexo, trabajo, compras, televisión...).

Hay otros elementos adictivos, de apariencia inocente: las mascotas (Barbara y Robert Woodley's Sanford acumulaban más de 300 en su casa), el agua (Jacqueline Henson murió por beber cuatro litros en un par de horas), los libros (Stephen Carrie Blumberg robó 28.000 volúmenes en 16 años)… o los picaportes (tras pasar casi cinco años en la cárcel por el asuntillo de los libros, Blumberg fue detenido por llevarse pomos de puertas).

Aunque es algo discutido, las adicciones quizá modifiquen la física del cerebro. Por ejemplo, el alcohol podría causar atrofia en los lóbulos frontales, que nos permiten el pensamiento profundo. Además, la configuración de las redes neuronales construidas alrededor del ansia resultan similares en todas las adicciones, lo que lleva a suponer esa causa estructural. En concreto, las áreas cerebrales implicadas son el sistema límbico (donde residen los centros de placer y recompensa, además de regular el estado de ánimo), la corteza cerebral (sentidos y raciocinio) y el tallo encefálico (control de funciones corporales).

Observar a alguien preso de su adicción es ver alteraciones en todos esos aspectos.

En cuanto a la química, se detectan cambios en niveles de dopamina, serotonina, opiáceos y GABA. La generalidad es que el abuso de cualquier droga reduce los receptores de dopamina, y en eso podría estar la clave de la adicción.

El funcionamiento de las drogas consiste en interferir sobre la información que envía o recibe el cerebro. Estos mensajes entre la mente y el cuerpo, o de la mente para sí misma, son los que permiten comprender el entorno, formular una idea nueva o pedirle al organismo que se sienta a gusto. Para todas estas comunicaciones se utilizan señales eléctricas que viajan por las neuronas. Pero el cable neuronal no es continuo, sino que se interrumpe cada poco, y para que el caudal eléctrico siga su curso debe contar con el visto bueno de un transmisor químico, el cual amortigua o potencia esa señal dependiendo de las experiencias previas. Este es el motivo por el cual el cable se interrumpe: para amplificar o atenuar el mensaje utilizando lo aprendido o programado. Sería un mecanismo parecido a un transistor en electrónica: una pequeña señal de control (el neurotransmisor) condiciona lo que ocurre en el flujo de corriente principal, excitándolo o inhibiéndolo.

Por tanto al final de una neurona existen emisores de sustancias neurotransmisoras, y al comienzo de la siguiente hay receptores de las mismas, que se rigen por un modelo llave-candado: cada receptor atiende exclusivamente a un tipo muy concreto de neurotransmisor. Entre medias está el espacio sináptico.

En este punto, y venidas desde el exterior, aparecen sustancias legales o ilegales dispuestas a desmontar tan delicada regulación. Las drogas son matones que se cuelan a codazos en los espacios entre neuronas, descolocando a los transmisores naturales. La heroína y la marihuana introducen transmisores similares a los del organismo, pero no idénticos. Las anfetaminas los liberan indiscriminadamente. La cocaína provoca que los neurotransmisores no se reabsorban, dejando libres cantidades extraordinarias de ellos. El resultado de todo esto es un desorden de ideas, percepciones y sentimientos, que se disparan o minimizan, según el tipo de sustancia.

Todo acabaría en haber experimentado unos momentos especiales… si no fuera porque los momentos especiales se graban en la memoria y terminan creando dependencia. Es lo malo que tiene llevar puesto un cerebro que aprende: el cuerpo ha descubierto lo que le gusta, y pide más. La repetición empeora las cosas, porque sirve para insistir en reforzar el aprendizaje. El adicto se parece a un perro de Pavlov, que ha fijado un conocimiento condicionado, algo difícil de reconducir incluso aunque pasen años sin activar ese mecanismo.

La culpable de buscar que se repita y aumente la dichosa experiencia tiene un nombre: dopamina. Esta hormona es uno de los neurotransmisores que baila en los espacios sinápticos, y concretamente se responsabiliza del placer. Las sustancias adictivas causan que su presencia sea entre dos y diez veces superior a la liberada convencionalmente cuando el cuerpo quiere recompensar algo. La dopamina es, por tanto, el premio perseguido. Y el cerebro pide más.

La contrapartida consiste en que, al detectar un chute de dopamina, otras partes del organismo deciden que ya tiene demasiada y frenan su producción o suprimen sus mecanismos de transporte. Por eso viene el bajón tras la euforia. También por eso se busca restaurar el bienestar consiguiendo de nuevo el estímulo desde fuera. Pero la dosis tiene que ser cada vez mayor para procurar igual resultado, porque ha disminuido el número de receptores dopamínicos.

El tratamiento contra las adicciones sigue dos cursos complementarios: el farmacológico y el conductual. Es decir, tomar sustancias contra las sustancias mientras se siguen terapias individuales o de grupo. Probablemente haya que remontarse muy atrás: si Mr. X no tuvo la fortaleza de evitar el consumo abusivo pudo ser porque alguna faceta de su personalidad ya presentaba carencias. Desamores, desmotivaciones, desatinos, desprecios… son destacados desastres que pueden predisponer a la adicción.

Pero ¿había algo previamente en el cerebro que hiciera propensas a ciertas personas? ¿O es que la drogadicción les cambió las conexiones? La respuesta es complicada porque normalmente no se dispone de imágenes cerebrales de un individuo antes de convertirse en adicto, lo cual permitiría establecer comparaciones.

Karen Ersche, de la Universidad de Cambridge, ha buscado paralelismos entre hermanos «enganchados» y «limpios», descubriendo que ambos tenían la misma peculiaridad en el circuito frontoestriado que controla el comportamiento. Eso abre varias conclusiones: la primera es que, teniendo predisposición fisiológica, uno de los hermanos vivió algo que lo alejó o acercó al consumo. Aprender de esto ayudaría sin duda a superar el trastorno.

La segunda derivada es que los sujetos sin esa particular configuración del circuito cerebral podrían ofrecer mayor tolerancia al uso de sustancias sin caer en la dependencia. Enhorabuena.

La tercera, y más importante, es que si hay quien nace predispuesto a la adicción, quizá las anormalidades que se venían detectando en el cerebro de personas enganchadas sean en realidad innatas. Se trata de una buena noticia: al no haber cambios inducidos, tras superar la dependencia el cerebro se recuperaría plenamente para comportarse como lo hace el de los hermanos «limpios».

Nora D. Volkow (directora del Instituto Nacional sobre Abuso de Drogas, en EE. UU.) usó tomografías de emisión de positrones para registrar lo que ocurre en el cerebro de un adicto. Tras un año de abstinencia, los pacientes se sometieron a la misma prueba, revelando que el cerebro estaba recuperándose. Sin embargo, para Volkow los daños podrían persistir en otras áreas incluso después de 24 meses. El proceso es largo, ya lo sospechábamos.

Además de la abstinencia, la terapia o el ataque farmacológico, quizá existan otras vías. David Nutt experimenta consigo mismo las benzodiacepinas (el principio activo del Valium, por ejemplo) como sustitutos del etanol en bebidas alcohólicas. Se trata de conservar las apreciaciones de cata de un vino, mantener también su efecto euforizante o relajante... pero dejar a un lado los vómitos y la resaca. Lograr algo así sería dar con el *syntheol* que beben los personajes de *Star Trek*. El profesor Nutt, en el Imperial College de Londres, lo ha probado y dice que «en un momento estaba sedado y medio dormido, pero cinco minutos más tarde me encontraba dando una clase». Seguro que fue interesante (la clase).

Si Mr. X consigue una *syntheinsomalina* que lo mantenga despierto sin otros efectos secundarios, quizá las ciudades empiecen a ser más habitables.

DEADMAN

Brandon Cayce es un piloto de aviación que sufre un accidente y muere.... o al menos eso creen los médicos, las esquelas, los amigos, los enterradores, el censo electoral y la lápida del cementerio. Todos están convencidos de su muerte excepto el propio Cayce, empeñado en negar la evidencia y no superar su luto.

Este muerto que rechaza la categoría de difunto contempla el mundo como si fuera una alucinación. En estado alterado, Brandon Cayce se encuentra con su amor de juventud, Sarah, que también vive un nuevo estado: el de embarazada. El muerto viviente intenta advertirle a la chica de lo que ha visto en su trance: que el padre del niño no es el propio hermano de Brandon, como todos creen, sino que al concebirlo intervino una entidad llamada Devlin, la cual intenta gestar en Sarah lo que sería un nuevo paso de la evolución humana. Sin embargo, Devlin trasplanta el feto en otra mujer, Eve, asesinada tras dar a luz. Sarah roba al niño y se fuga, pero Devlin captura a Brandon Cayce y le ofrece salvar la vida a cambio del niño. A alguien se le ha ido la olla.

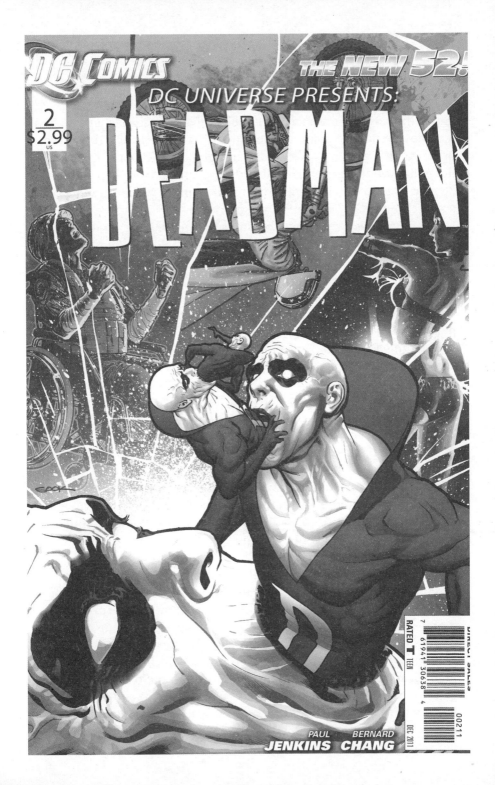

TÚ ALUCINAS

Si percibes algo en ausencia de ese algo, deberías sospechar que tus sentidos te engañan. Estás alucinando. Pero lo que le ocurre a Sarah, la amiga de Brandon Cayce, no es tan infrecuente (bueno, lo de quedar embarazada por alguien abducido sí es un tanto atípico): entre un 30 y un 50% de los viudos habría creído sentir la vívida presencia de su pareja en los días posteriores a su muerte.

Las imágenes irreales que creemos ver pueden ser de dos tipos: esquemas geométricos coloreados o representaciones cinematográficas de la realidad. Los primeros son más típicos de estados alterados de la conciencia, una forma elegante de diagnosticar el influjo de drogas psicoactivas. Esas formas geométricas repetitivas no son casuales, sino que se formarían en el cerebro respondiendo a los denominados patrones de Turing, creados por la interacción de dos sustancias contrarias, una activadora y otra inhibidora, que se autoorganizan para convivir, ocupando el espacio disponible, mediante sistemas de reacción y difusión.

Las alucinaciones realistas son otra cosa, y para comprenderlas conviene profundizar un poco en los mecanismos neurológicos de la visión.

El córtex visual, situado cerca de la nuca, procesa las imágenes a partir de diferentes impulsos eléctricos provenientes de la retina. El proceso no se parece nada a la clásica ilustración de libro de texto en la que aparece una imagen (invertida, para más realismo) proyectada en la pantalla interior del cerebro. Solo falta dibujar un pequeño espectador ahí dentro, con su pequeña bolsa de palomitas, contemplando la película. Pero entonces, ¿hay otro espectador minúsculo en la cabeza del mini observador?

Las cosas no van así. Lo que el cerebro recibe son descripciones simbólicas, que rápidamente se van cotejando con la librería de conceptos disponibles. Como en un juego de preguntas y respuestas, la mente pide comprobaciones: ¿se mueve? ¿es grande? ¿tiene cara? ¿es redondeado? A cada contestación le siguen nuevas solicitudes para conseguir indicios hasta que el cerebro satisfecho decide que ha identificado lo que tiene delante. Dictado el veredicto cesa el interrogatorio, pero de vez en cuando habrá errores y pasará un tiempo hasta que se reexamine el caso. Durante ese lapso es cuando la percepción equivocada prevalece. Ahí están los errores visuales, ilusiones ópticas y alucinaciones.

V. S. Ramachandran, de la Universidad de California San Diego, propone que todo lo que vemos es en realidad una alucinación continua generada en nuestro magín, que analiza lo que se le va presentando y luego escoge la interpretación que mejor encaja con las piezas disponibles, incluyendo lo percibido en directo pero también la memoria de situaciones parecidas, la carga emocional o la recompensa de acertar. Por cierto, que en el archivo de imágenes para comparar también estarían las oníricas: las alucinaciones y los sueños comparten librería, que abre sus puertas cuando la serotonina se inhibe.

Quizá la pregunta no sea por qué tenemos alucinaciones, sino por qué no las tenemos de continuo, como ha planteado Nigel Goldenfeld, al frente de un instituto de biología universal integrado en la NASA. Los sistemas de reacción y difusión de Turing se aplican a las terminaciones neuronales, ya que estas pueden ser activadoras o inhibidoras. Lo esperable por tanto sería que, aunque la retina envíe la información correcta, la red encargada de transmitirla se autoorganice por patrones de sinapsis conectadas-desconectadas, generando figuras geométricas como las que nublan a quien ha tomado una tortilla con hongos de la risa.

Sin embargo, la selección natural favorece al que identifica dónde hay un predador a punto de atacar, y penaliza drásticamente a los pobres que se quedaron en la inopia, porque la imagen nítida del enemigo se difuminó en lucecitas de colores. Sobrevivieron aquellos cuyo el córtex visual pudo frenar el envío de las señales difuminadas, consiguiendo que los estímulos originales llegaran a buen puerto.

Eso sí, por complejo que resulte, siempre hay quien esté dispuesto a darle la vuelta. El equipo de Jack Gallant, en la Universidad de California en Berkeley, se sometió a sí mismo a sesiones de vídeo mientras el escáner cerebral hacía su trabajo. Después, en una especie de ingeniería inversa, modelizaron cómo había respondido cada puñado de neuronas frente a los distintos estímulos visuales (color, forma, movimiento, etc.). Posteriormente volvieron a presentar imágenes animadas a los participantes, pero con el traductor que habían diseñado fueron convirtiendo las señales del escáner en color, forma y movimiento. El resultado sorprendió a los propios investigadores: la máquina dibujaba borrones de colores saturados, pero su apariencia semejaba lo que estaba entrando por los ojos de la persona en el escáner.

Contamos con decenas de áreas visuales distintas y especializadas. Cada una indagaría un aspecto: color, brillo, textura, bordes, dibujos (en particular dibujos animados), curvatura, paralelismo, perspectiva, volumen, tamaño relativo, posición, movimiento, expresiones faciales (en particular ojos y dientes), identificador de caras conocidas, clasificador de semejanzas o diferencias, percepción concreta de paisajes, edificios... Ramachandran menciona una vía para detectar cómo es lo que se está mirando y otra diferente para ponerle nombre y contexto. Los cauces separados se juntan al final en la consciencia («¿Cómo se llamaba esto... lo tengo en la punta de la lengua? Ah. ¡Es una mesa!»). Incluso habría otro camino, a modo de atajo hacia las amígdalas, que valora rápidamente cómo nos puede afectar, determinando si existe implicación afectiva con la persona que vemos o si el objeto ante nuestros ojos representa alguna amenaza potencial.

. En individuos considerados sanos, una lesión puede provocar percepciones irreales si se daña la comunicación con el correspondiente centro sensorial. Por ejemplo, podría saberse dónde está algo pero no identificar qué es. Una apoplejía puede provocar que deje de percibirse el movimiento aunque todo lo demás se aprecie sin problemas. Más aún: la «visión ciega» implica llevar pero lazarillo y leer en braille, pero ser capaz de señalar un punto de luz aunque el afectado no sepa cómo, pues él no ve absolutamente nada; son sus centros receptores de luz quienes guían al dedo cuando se le pide que señale, acertando sin que medie la consciencia visual. En otros casos lo que falla es el reconocimiento de lo que se ve. La agnosia visual consiste en ver sin comprender. Algo alargado con un abultamiento colorido en el extremo... ¿una piruleta? El paciente ve sin dificultad todos los detalles y aprecia el conjunto, pero ha perdido la referencia en su base de datos. No era una piruleta. Era una flor.

Igualmente puede probarse lo contrario: poner una venda en los ojos y estimular determinadas zonas del cerebro. Al introducir pequeñas descargas eléctricas en el área medial temporal de un mono, sus ojos comenzarán a moverse siguiendo a objetos imaginarios. Lo que procesa esa área es el movimiento. El animal persigue una alucinación sin forma ni color definidos.

Si lo que se daña es la vía-atajo hacia las amígdalas, esa que atribuye valor afectivo a la imagen percibida, el resultado son alucinaciones como el síndrome de Capgras: tras la lesión dejo de reconocer a mi pareja (o a mi perro). Se parece, pero no es. Sospecho que se trata de un impostor, porque identifico sus rasgos pero ya no me dicen nada. Por tanto hay gato encerrado. Me han dado el cambiazo mientras estaba recuperándome del accidente. ¿No suena parecido al caso de Brandon Cayce tras estrellarse su avión?

Sin embargo, nada ha cambiado ahí fuera. Todo sucede dentro de la cabeza de Brandon.

El convencimiento de que los estímulos alucinatorios vienen de fuera es crucial, porque de otro modo no causarían efecto. Para Sarah-Jayne Blakemore, del Instituto de Neurología de Londres, atenuamos los estímulos que llegan de nuestro propio cuerpo, y en cambio prestamos atención a los que proceden del exterior. Por eso no podemos hacernos cosquillas a nosotros mismos, dado que anticipamos lo que va a suceder. En cambio, para sujetos que padecen alucinaciones la intensidad táctil no varía cuando el estímulo se lo provoca el propio individuo o cuando lo hace otra persona. La causa quizá sea una desconexión entre las áreas encargadas de una acción y las que perciben las consecuencias de la misma.

Oliver Sacks explica las alucinaciones que tienen personas ciegas (síndrome de Charles Bonnet) como un efecto de la hiperactividad que le entra a un órgano sensible cuando deja de recibir estímulos. Como si trataran de llamar la atención, los centros visuales liberan súbitamente imágenes que tenían archivadas. Quizá en el caso de Brandon Cayce, debido a que está muerto, es la totalidad de sus sentidos la que provoca alucinaciones globales.

Las visiones son muy vistosas (valga la redundancia), pero el tipo de alucinación más estudiada es la auditiva, tan habitual en los enfermos de esquizofrenia que oyen voces. La sensación nítida es que hablan con ellos, no una voz interior sino alguien real, con quien mantienen conversaciones y que a veces los convence para cometer acciones ante las que luego se arrepienten.

Igual que con la visión, el procesamiento cerebral del oído no es sencillo ni está condensado, sino que intervienen áreas distintas para cada tarea: por un lado reconocer el tono y afinación, por otro la articulación fonética, por otro el diccionario que contrasta las palabras o ruidos escuchados, la conexión de estos con las fuentes que los originan, los objetos o conceptos a los que aluden, la melodía, la sintaxis, el mantenimiento de la atención, la consciencia o inconsciencia que se presta al sonido que se percibe, la eliminación de ruidos ambientales, la enunciación mental de las mismas palabras que se oyen, la preparación para pronunciarlas cuando intervienen las neuronas espejo...

En concreto, el córtex prefrontal dorsolateral se encarga de hacer voluntario o involuntario el hecho de percibir sonidos, algo así como lo que el idioma sabiamente distingue entre escuchar algo y meramente oírlo. El cerebro de un esquizofrénico presentaría menor volumen de materia gris en esa zona del córtex, lo cual es congruente con el carácter involuntario y descontrolado de la alucinación.

Las neuroimágenes muestran además que durante una ilusión auditiva se activan circuitos del cerebro que también están en marcha cuando se atiende a un estímulo sonoro real.

Por último, la dopamina parece estar involucrada en transmitir sonidos que no están.

Podríamos seguir con otros sentidos y sus alucinaciones: la fantosmia consiste en percibir olores fantasma, trastorno aparentemente leve pero que puede conducir con facilidad al suicidio, dado que las apariciones olfativas no suelen ser precisamente aroma de rosas.

Un posible tratamiento contra las alucinaciones sería la estimulación magnética transcraneal repetitiva funcional (fTMS por sus siglas en inglés). Se trata de una técnica que despolariza neuronas en zonas muy concretas bajo la superficie del cráneo, a poca profundidad, induciendo corrientes eléctricas en el interior del cerebro sin necesidad de trepanarlo. Es el mismo principio que permite cargar la batería del cepillo de dientes sin que exista contacto eléctrico directo con la fuente de alimentación.

Los pulsos magnéticos que introducen diferencias de potencial en el cerebro adormilan a las neuronas afectadas, que por tanto dejan de transmitir percepciones equivocadas. Por ejemplo, si se disparan hacia el córtex temporoparietal derecho, desaparecen las alucinaciones auditivas vinculadas a la esquizofrenia, con resultados que casi duplican su efectividad respecto a la medicación con antipsicóticos.

Son solo ideas, pero quizá lleven a Brandon Cayce a dejarse de historias raras.

EL ESPECTRO

Jim Bredan Corrigan es un policía que resulta asesinado por el procedimiento de incluirlo en el relleno de un barril con cemento de secado rápido. Al expirar escucha una voz que le aconseja regresar al mundo de los vivos porque, como agente del orden, aún tiene una misión que cumplir: acabar con los malvados.

Para ponerse a tono, puede empezar vengando su propia muerte. Desde ese momento, Jim el Espectro es una presencia que se cree muerta, pero a quienes los demás ven bien vivo.

A Corrigan le sucede justo lo contrario que a Brandon Cayce (Deadman, quien se niega a reconocerse muerto). El Espectro, en cambio, parece estar vivito y coleando, aunque él insista en que lo han finiquitado.

Si algún día se siente incomprendido, puede buscar apoyo en la asociación Anónimos del Síndrome de Cotard. Sus componentes también se creen muertos.

NO INSISTA, DOCTOR: SI YA ESTOY MUERTO

Quien sufre el síndrome de Cotard no debería sufrir más, porque la muerte se habría llevado sus penas. Pero no. Padece su propia defunción e interpreta su estado como un interregno eterno, permaneciendo para siempre entre los vivos pero sin estarlo él mismo. Un alma en pena, vamos.

Hasta llegar a esa situación, puede haber pasado por sentir que se le para el corazón y que se está pudriendo por dentro. Incluso nota el olor (fantosmia).

El trastorno se inicia con una vaga preocupación que aumenta durante semanas (o años), derivando hacia la ansiedad, sentimiento de culpa, vacío, desesperación y depresión, mientras se incorporan síntomas como mutismo, falta de respuestas emocionales o analgesia (ausencia de dolor), hasta llegar al espejismo de creer que pierden sangre o músculos, que sus órganos no funcionan, que su cuerpo es hueco y traslúcido, con el extremo nihilista de negar la propia existencia. Pese a lo anterior, no es raro el empeño en autolesionarse (quizá como intento de autoafirmación) o cometer suicidio.

Es frecuente que los problemas comiencen a raíz de un accidente con lesiones o bien atrofias en el lóbulo parietal, dilatación de los ventrículos (cavidades por donde circula el líquido cefalorraquídeo), tumores cerebrales, fiebres tifoideas, esquizofrenia, trastorno bipolar, psicosis por enfermedad o intoxicación, e incluso epilepsia del lóbulo temporal, caracterizada por alucinaciones de un poderoso realismo, que involucran a todos los sentidos.

Su prevalencia es muy baja y los estudios científicos se limitan a informes de casos aislados. Entre quienes mejor han estudiado este trastorno, Germán E. Berrios (Universidad de Córdoba) y Rogelio Luque (Universidad de Cambridge) cotejaron un centenar de informes distintos encontrando multitud de concomitancias, que además podrían interactuar para amplificarse, tal como sugieren Andrew W. Young (Universidad de York) y Kate M. Leafhead (Universidad de Durham). Así, la creencia depresiva de que todo es vacuo se cruza con la interpretación enfermiza de que ese vacío lo provoca el propio sujeto.

Se cita el caso de un joven escocés que tuvo un accidente de moto con traumatismo craneoencefálico. Aparentemente recuperado, el chico y su madre se mudaron al calor de Sudáfrica, que para él fue el infierno. Literalmente. Interpretó el cambio de aires como una confirmación de que se encontraba entre las llamas del averno, a donde había llegado tras morir de septicemia o sida. Pensaba también que había suplantado el espíritu de su madre para visitar el inframundo mientras ella seguía en Escocia, durmiendo.

En otro ejemplo, un adolescente de catorce años aquejado de epilepsia, manifestaba episodios un par de veces al año con duraciones de hasta tres meses. Al caer en la tristeza permanente, la apatía y el aislamiento social, manifestaba obsesión por lo fúnebre declarando que el mundo sería destruido en pocas horas. Afirmaba que todos estaban muertos, incluso los árboles y él mismo.

Volvamos a visitar a un viejo amigo: V. S. Ramachandran. En *Lo que el cerebro nos dice*, propone que dentro del cerebro existen cuatro autopistas para interpretar lo que le dictan los sentidos sobre el mundo ahí fuera. Son rutas autónomas que luego se unen para formar la consciencia de la realidad externa. Ya habíamos hablado de ellas. una primera vía es la «vieja», que informa sobre la situación general de cada objeto, pero sin determinar qué es en concreto. De eso se encarga la vía denominada «qué» (aspecto de los objetos, desglosando las partes que los componen y comparándolos con la enciclopedia interna para identificarlos, aunque sin atribuirles carga emocional), otra vía explica el «dónde» (posición de unos objetos comparados con otros, ampliando los detalles que da la vía vieja, lo cual permite determinar el movimiento relativo y esquivar una pedrada que viene hacia nuestra cabeza).

La vía «qué» nos abre la ficha completa de lo que sabemos sobre un objeto o persona que tenemos delante, pero no nos informa de nuestra relación visceral con ellos («Qué recuerdos: este florero me lo regaló la tía Pi». «Ese es Gómez. Ten cuidado»). De esto quizá se encargue una cuarta vía, denominada «y qué», cuya particularidad es tratar su caudal de emociones directamente con la amígdala.

Si una lesión daña solo a la vía «y qué», tendría como resultado reconocer lo que se ve, pero sin asignarle valor emocional. Cuando el sujeto mira a su esposa, la ficha identificativa que presenta la vía «qué» es la de su mujer, pero a la vía «y qué» no le dice nada más. Eso genera un conflicto interior, resuelto al decidir que quien tiene delante es una impostora: es ella, pero no es (síndrome de Capgras).

En concreto, la desconexión afectaría a la urdimbre entre el área del cerebro que reconoce los rostros (circunvolución fusiforme) y la zona encargada de asignarle significado emocional a esas caras (las amígdalas). Nos parece obvio que identificar a una persona y asociarle un sentimiento vayan de la mano. Sin embargo, en el cerebro no es así, y cuando esos dos procesos se desenganchan, el sujeto puede creer que sus seres queridos en realidad son impostores.

Como demostración, se puede medir la respuesta galvánica de la piel en el paciente cuando está frente a su cónyuge. Si algo nos implica emocionalmente, inevitablemente brotará microsudor en la epidermis. Se trata de una reacción inconsciente y no manipulable. ¿Qué sucede entonces? El sujeto mantiene la piel seca delante de su pareja. Realmente su cerebro le dicta que esa señora es una extraña, pese a que conozca su rostro. En cambio, si habla con ella por teléfono, brota el microsudor: ahí sí que la identifica emocionalmente. Se trata de una percepción visual desconectada.

Las alarmas se disparan cuando el afectado se mira en un espejo y se reconoce… pero la frialdad con que se ve le lleva a concluir que lo han suplantado. Por tanto, él está muerto: es un cadáver y se pregunta por qué no lo han enterrado. El mundo exterior le engaña, lo de fuera es fantasía y solo él está en lo cierto.

La formación y contexto cultural del individuo le llevarán a explicar de un modo u otro lo que le sucede. En un ejemplo citado por Ramachandran, la elaboración es así: «No existo. Podríamos decir que soy como una cáscara vacía. Me siento un fantasma que existe en otro mundo […] el mundo es ilusorio, como aseguran los hinduistas. Todo es *maya* (ilusión). Y si el mundo no existe, ¿en qué sentido existo yo? Lo damos todo por sentado, pero simplemente no es verdad […] Estoy muerto y a la vez soy inmortal». Además, a este caso se le añadió la percepción de que su cuerpo había aumentado de tamaño, extendiéndose por el universo para fundirse con el cosmos. Esto podría ser un indicio de alteraciones en el hemisferio derecho, responsable de la propia imagen corporal.

Quizá ocurre que se superponen dos procesos distintos: los que informan de que uno está y los que permiten identificar a las personas. Para comprobarlo hay que irse a la Universidad Tohoku, donde Yoshiyuki Nishio y Etsuro Mori analizaron a un paciente con lesiones unilaterales provocadas por un infarto en el lado derecho de su cerebro. El individuo manifestaba claros síntomas de Cotard, convencido de que antes de que se le pasara el plazo debía llevar su propio certificado de defunción al ayuntamiento, pero además confundía al fisioterapeuta con Puyi (emperador de China) y vio junto a su cama al que fuera presidente de Corea del Norte (Kim Jong-il). Un año después del infarto seguía declarando: «Ahora estoy vivo, pero entonces había muerto […] y en el hospital vi a Kim Jong-il». Lo particular de este caso es que otros pacientes pueden sufrir lesiones semejantes sin desarrollar el síndrome. La incógnita sigue abierta.

Pero el origen farmacológico no está descartado. Anders Hellden, del Hospital Universitario Karolinska en Estocolmo, menciona a una mujer sometida a hemodiálisis por fallos renales, que combate un herpes tomando un antiviral (valaciclovir). Nada extraordinario. A los tres días manifiesta cansancio y desánimo. El cuerpo se le vuelve extraño, tiene alucinaciones y chilla aterrorizada. Cuando acude a su sesión de diálisis, los síntomas desaparecen rápidamente y puede explicar que hasta hacía un rato estaba muerta. Otro paciente del mismo hospital contrae también un herpes. Tratado con valaciclovir, a los nueve días se despierta gritando que está muerto. Se le retira el tratamiento. Tres días después sigue creyendo que hay gente peligrosa alrededor. La tomografía revela que no hay daños cerebrales. Veredicto: un antiviral podría ser cómplice en el síndrome de Cotard.

Respecto al tratamiento del trastorno, han dado resultado cócteles de antidepresivos, antipsicóticos y estabilizadores del ánimo, junto a terapia electroconvulsiva. Quizá sea mejor seguir muerto.

De hecho, si los antidepresivos devuelven la autoconsciencia y el paciente descubre que no está muerto, hay un primer paso… hacia el final definitivo. Como el mundo sigue siendo irreal y vacío, lo coherente sería suicidarse. Sería un caso extremo de otro trastorno denominado apotemnofilia, por el cual el sujeto siente que alguna parte de su cuerpo le sobra, no es suya, y debe amputarse. Los Cotard sin depresión cortarían de cuajo con su cuerpo al completo. Terrorífico.

Jim Corrigan, por favor, descansa en paz.

IRON MAN

Desde que era un mocoso ya lo tenían por genio. A los quince años estaba en el MIT compartiendo aula con alumnos una década mayores que él, pero nada lo preparó para encajar la muerte de su padre y asumir precozmente la dirección del imperio familiar.

Tony Stark, nunca terminó de madurar: es caprichoso, infantil y sus reacciones pocas veces son producto de la razón. Es el niño brillante que sabe diseñar extraordinarios juguetes y le gusta llevarlos al límite, aún a riesgo de su vida o de quienes le rodean. Por esto no es raro que se relacione su personalidad con la de otro niño ficticio que también se resistió a crecer: Peter Pan.

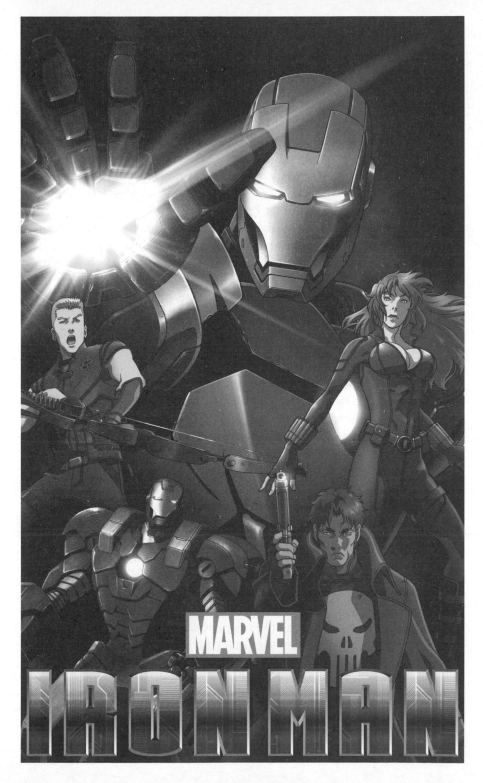

SIEMPRE JÓVENES. SIEMPRE ESTUDIANTES

«Qué niño tan mono. De pequeños te los quieres zampar y cuando crecen, te preguntas por qué no te los comerías en su momento.» En este caso, el «trastorno» hay que buscarlo también dentro del cerebro de quienes contemplan a Peter Pan.

Tendemos a preferir a los bebés. Nos gustan sus mofletes y barbilla redondeados, la frente abultada, esos ojos desproporcionadamente grandes. Parece algo innato, y para comprobarlo basta con analizar el escaparate de una tienda de mascotas: el lugar donde los niños dejan más huellas pringosas en el cristal es delante de los cachorros.

Si con las crías de animales sucede lo mismo (cabezones de hocico achatado y ojos inmensos), todo esto debe tener algún sentido en cuanto a selección natural.

Lo tiene. También tiene un nombre: neotenia.

Konrad Lorenz sugirió que la afinidad hacia los rasgos juveniles serviría como sistema para proteger a los indefensos recién nacidos, que en la especie humana lo son aún más. La razón para prolongar nuestra neotenia está en el cerebro, por supuesto. Nos distingue del resto de animales un deseo y una capacidad permanentes de aprender. Cualquier otro ser dotado de azotea con sesos tiene una infancia en la que juega, explora, aprende… hasta que se le pasa, se vuelve serio y actúa el resto de su vida de acuerdo con el programa aprendido. Las personas, en cambio, podemos seguir enredando, indagando y descubriendo durante toda la vida. La neuroplasticidad permite fijar nuevas experiencias y rutas en las sinapsis neuronales.

Parece demostrado que la inteligencia aumenta cuanto más tiempo se conceda al aprendizaje. Prolongar la estancia en el pupitre nos hace más listos. Un dato para la próxima reforma escolar.

Hay otra explicación complementaria, un tanto más prosaica: la neotenia extendida se debe a que andamos a dos patas. El bebé al nacer es mucho más delicado que otros animales (un potro sale del útero materno y echa a corretear). Somos cabezones cuando venimos al mundo, pero no tanto como debiéramos para que nuestro cerebro nos permitiera la supervivencia autónoma. Es decir, todos los seres humanos nacemos prematuros porque así evitamos que el cráneo siga creciendo dentro del vientre de nuestras madres, y facilitamos el tránsito por una pelvis estrechada a causa del bipedismo.

Eso mismo sería el motivo de que se nos caigan los dientes de leche: la dentición definitiva ocupa más espacio en las mandíbulas. Es preferible dejarla para más adelante.

Con sus dientecitos, qué tiernos son los niños. Cómo nos gusta protegerlos.

En realidad los tiernos somos los adultos. La heredabilidad de este mecanismo es evidente, pues cumple una condición básica que consigue perpetuarlo: la presión selectiva favorece a quienes muestran esa conducta frente a quienes desatienden a su prole, de modo que los propios genes de los progenitores sobreviven dentro del niño que ha recibido más cuidados. En cambio los genes de padres menos responsables pueden terminar en la cuneta por negligencia.

Stephen Jay Gould hizo un ingenioso análisis de los rasgos infantilizados de Mickey Mouse (de nuevo la bóveda craneal abultada, ojos y cabeza grandes). El roedor bonachón inspira afecto porque dispara nuestros mecanismos protectores. Pero resulta que en sus comienzos Mickey no era tan encantador: al nacer (en 1928) se dedicaba a maltratar a otros animales cruelmente, no era del todo honesto y sus trastadas tenían un punto sádico. En los EE. UU. de aquella época (igual que ahora) proliferaron las cartas de protesta y la factoría Disney fue suavizando poco a poco el carácter del personaje.

Lo llamativo es que a la vez lo fueron infantilizando: en 1928 Mickey tenía una cabeza y unos ojos más pequeños, un hocico más pronunciado, unas extremidades más finas y alargadas. En la actualidad el ratón exhibe los rasgos propios de un bebé, para hacer que nos guste.

Quizá por eso Mickey Mouse ha sobrevivido tantos años, y lo ha hecho sin crecer.

A otro personaje le ocurre lo mismo, aunque de manera consciente: Peter Pan decide no convertirse en adulto para seguir en su mundo de Nunca Jamás.

El síndrome epónimo fue caracterizado por primera vez en 1983, y no es rara su aparición tardía en una sociedad que quizá en su conjunto también vive asentada en la neotenia. Pero este es otro tema. No procede ahora debatir sobre el superorganismo trastornado.

Más allá de la neotenia, ¿qué pasa en un cerebro que se niega a crecer hasta la madurez? Para comprenderlo, Alison Gopnik, de la Universidad de California en Berkeley, explica que el paso a la etapa adulta implica dos grandes cambios en sistemas neuronales: el primero es el referido a la motivación y búsqueda de recompensa, que lleva a perseguir el logro a despecho de los riesgos (por eso el adolescente parece un trastornado suicida).

El segundo cambio sustanciado afecta a los mecanismos de control. El córtex prefrontal tiene que tomar el mando, planificar y elaborar decisiones con juicio, dominando a otras partes del cerebro más emocionales. Para ello se requiere aprendizaje por experiencia.

Vincular las decisiones con la obtención de recompensas resulta más complicado en el mundo moderno, dado que ahora se dilata el tiempo entre unas y otras. Cuando fuimos cazadores-recolectores no necesitábamos proyectar casi nada.

En un niño y en un adolescente todavía no se ha conseguido esa ligadura entre actividad y premio. Por eso no toleran la espera o la frustración. Pero no es bueno adelantarse: cuanto más tarde en intervenir el control del pensamiento profundo, más tiempo habrán tenido las otras áreas para desarrollarse, y el resultado será un cerebro más inteligente. Si entra en escena demasiado pronto, podemos toparnos con un indomable Will Hunting, de mente brillante pero incapaz de afrontar la vida. Como casi siempre, lo mejor es guardar el equilibrio para no caerse.

Una serie de imágenes tomadas con escáner a distintas edades muestra esa migración del protagonismo desde la parte posterior del cráneo hacia los lóbulos frontales. Se fortalece además la conexión entre el hipocampo y esos lóbulos, integrando en la toma de decisiones la memoria de lo aprendido. Otro cambio es el engrosamiento del puente que coordina los dos hemisferios.

Por su parte, las neuronas del cerebro mejoran su cableado recubriéndose con cinta aislante (mielina), lo que aumenta en cien veces la velocidad en la red. Las dendritas proliferan, haciendo más tupida esa malla, fortaleciendo sinapsis útiles y atrofiando a las inútiles.

En resumen, de los doce a los veinticinco años en la cabeza se opera una reforma radical.

Beatriz Luna, de la Universidad de Pittsburgh, probó el control inhibitorio de voluntarios a quienes pedía que no miraran una luz cambiante mientras ella detectaba sus movimientos oculares y la actividad cerebral. Los niños ceden a la tentación por curiosidad. Los adolescentes por apego a lo prohibido. En cambio, los adultos resisten mejor por haber alcanzado la madurez. Nada nuevo. Lo llamativo es que si a un adolescente se le ofrece premio por no mirar, entonces sus cifras igualan las del adulto. Ahí está otra vez la dopamina.

El riesgo seduce, porque a lleva ligada la recompensa de superarlo. De ahí viene correr con la moto, probar sustancias inadecuadas o hacer *puenting* con sedal de pesca. No es que los adolescentes ignoren el peligro. Al revés: le dan demasiada importancia porque la descarga de dopamina lo merece. Además permite ganar puntos en el grupo de amigos, que es otra característica de esta fase: relacionarse con los de su edad ofrece más experiencias nuevas que el estable entorno familiar, con el añadido de que así se explora y afianza el entramado social con el que convivirán el resto de sus días (lo normal es que las personas nos rodeemos de otras provenientes de la misma generación).

Pero el comportamiento alocado, ¿no debería penalizarlo la selección natural? No, porque coincide con un momento de coyunturas disparadas, como tirar al aire toda la baraja en desorden expansivo, para luego ir eligiendo y ordenando las cartas adecuadas a la posterior adaptación madura. El hecho de que veamos solo síntomas exasperantes radica en que esa es únicamente la llamativa punta del iceberg en una etapa necesaria. Como dice Leo Farache (*Gestionando adolescentes*), esa fase no es un problema sino una oportunidad. Si el adolescente se quedara en casa sin probar lo nuevo, nunca se haría adulto.

Y esto nos devuelve a Peter Pan, el chiquillo de verde (y verde) que no quiso crecer. Humbelina Robles, de la Universidad de Granada, pone el dedo en la llaga cuando menciona como factor la sobreprotección que muchos padres dan hoy a sus hijos, influyendo en que sean futuros adultos dependientes que no han desarrollado recursos para enfrentarse a la vida. El mundo de los mayores les resulta complicado. Prefieren quedarse junto a las faldas de mamá (o los pantalones de papá, o los pantalones de mamá… o lo que sea).

El individuo con síndrome de Peter Pan es narcisista, lo que implica una desfiguración (a mejor) de su propia imagen y de su biografía, donde la infancia es una idealizada tierra prometida en la que quiere acampar para siempre. Todo esto le convierte en irresponsable, dependiente, rebelde, manipulador y propenso a la pataleta. Un crío, vaya.

Para remediarlo, son los padres quienes deben actuar enseguida. Pero «actuar», no intentar persuadir, porque el tiempo pasa rápido y precisamente el infantilismo no se aviene a razones.

Lo que esconde Peter Pan sería una inseguridad, también propia de los niños, que intenta afianzarse con arrogancia. Estos rasgos, tolerables en la infancia, si concurren a edad más avanzada provocan rechazo que lleva al aislamiento y pérdida de empatía, creando un blindaje que a su vez rechaza los afectos que pueda recibir.

Una causa potencial es haber tenido una infancia feliz, a la que se desea regresar escapando así de las responsabilidades adultas y del temor al futuro. Sin embargo, el caso contrario también es posible: si la niñez resultó truncada o infeliz, adonde se quiere ir es a una etapa idealizada donde recuperar el tiempo inocente que nunca se vivió. Imponer a un niño responsabilidades prematuras (trabajar, cuidar de otros, culpabilidad por un entorno conflictivo) supone quitarle años a su necesario desarrollo, haciendo que luego busque retomar lo que se perdió por el camino.

Quizá Michael Jackson padeciera el síndrome de Peter Pan. Su residencia era *Neverland*, siguiendo los patrones de Nunca Jamás. Llegó a declararlo: «Yo soy Peter Pan: no quiero crecer». Por eso no es raro que Steven Spielberg pensara en él para el papel protagonista de *Hook* (1991). El cantante rechazó el guión, precisamente porque no quería ver a su ídolo convertido en adulto. Al final lo interpretó Robin Williams. La película mereció cinco nominaciones pero ningún Óscar. *Nunca jamás* se sabrá qué hubiera pasado si...

Para terminar: el síndrome de Peter Pan encaja con el de Wendy, que consiste en pretender a toda costa satisfacer al otro (pareja, hijos... o Peter Pan). Por eso no sorprende que junto a Tony Stark (Iron Man) esté la siempre dispuesta Pepper Potts, tomando las decisiones que elude el irresponsable superhéroe.

Parte 3

LAS CAPACIDADES EN EL CEREBRO DE LOS SUPERHÉROES

Tener cerebro sale caro

Seguro que podríamos desarrollar capacidades brillantes si utilizáramos a su máxima potencia nuestra inteligencia. Pero eso no hace cierto el típico argumento (falaz) de que solo usamos un 10% de nuestro cerebro, y que por tanto podemos convertirnos en genios sometiéndonos a determinada terapia, tomando unas pastillas o cumpliendo una metodología (decir «método» parece menos vistoso).

Falso. El cerebro es un órgano extremadamente caro de mantener: una quinta parte de la energía que produce el cuerpo se la comen nuestros sesos. Con solo 1,5 Kg de peso, gastan el equivalente a 27 Kg de músculo. Se trata de un consumo tan desaforado que la selección natural opera sin piedad. Puesto que no podemos permitirnos tener neuronas sin datos, pero quemando glucosa y oxígeno, cuando una célula cerebral se queda sin función, directamente muere. En el mundo de las neuronas, los vagos no sobreviven.

Quienes sí tienen capacidades extraordinarias, por definición, son los superhéroes y supervillanos que pueblan los cómics. Allí pueden permitirse otros excesos para deleite del lector que, por su parte, dedica el 100% de la capacidad craneal a disfrutar los episodios de estos personajes.

RORSCHACH

Miembro de la patrulla Watchmen, este personaje sufre desde pequeño el abandono y la violencia a partes iguales: de su padre solo se sabe el nombre, Charlie, y de su madre que le pegaba las pocas veces que lo quería ver. Así, Walter Joseph Kovacs, su verdadero nombre, crece moviéndose de un orfanato a otro y respondiendo con agresividad a todo estímulo. Su nombre ficticio proviene de una tela con la que trabaja, diseñada por el Dr. Manhattan, que tiene la capacidad de crear dibujos con patrones similares a los concebidos por el psicólogo suizo Hermann Rorschach y con los que se busca descubrir la personalidad de quien los observa.

Probablemente debido a la violencia que sufrió durante su infancia, Rorschach es inmune al dolor físico, un fenómeno conocido como analgesia que despierta la curiosidad de los científicos desde hace siglos.

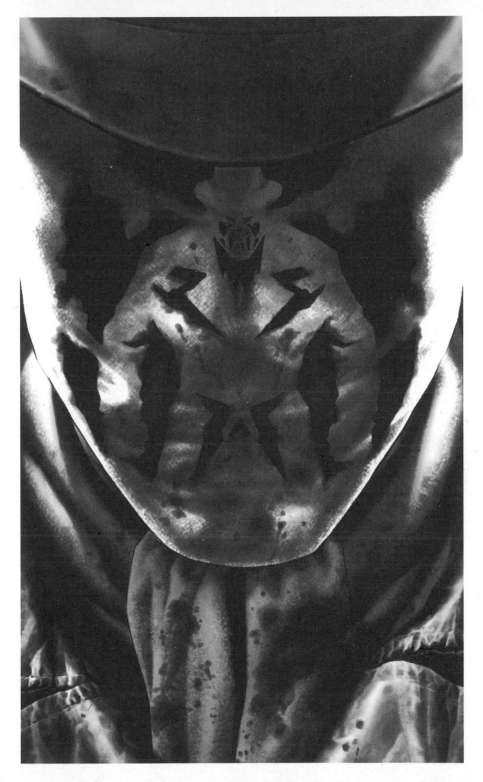

QUÉ DESGRACIA: NI SIENTE NI PADECE

Probablemente pienses que no sentir dolor sea un poder deseable. ¿Quién no querría ser inmune al tormento físico? Pero la capacidad de percibir un calvario en el cuerpo es una estrategia evolutiva imprescindible: todos los vertebrados poseen, bueno, poseemos, en el cerebro y en la médula una serie de estructuras tremendamente sofisticadas con el fin de procesar el dolor. Gracias a ellas nuestro cuerpo registra un daño y nos obliga a descansar, a detenernos hasta que este se haya reparado.

Se trata de algo tan determinante que, aunque parezca extraño, las personas afectadas de analgesia congénita, que les evita sufrimientos físicos, tienen una esperanza de vida mucho menor.

Uno de los casos más conocidos es el de Steven Pete. Cuando tenía apenas unos meses de vida, los dientes de Steve comenzaron a crecer y el niño, seguramente inquieto y molesto, empezó a morderse lo primero que tenía a mano: la lengua. Sus padres lo llevaron al médico (por entonces ya se había «comido» casi un cuarto de lengua). El galeno, después de varios exámenes, realizó una prueba muy simple: puso un mechero en la planta del pie del pequeño Steve y viendo que el niño no reaccionaba, ni siquiera cuando surgió una ampolla, el diagnóstico estaba claro… analgesia congénita.

En una entrevista a la BBC, Steve cuenta cómo lo vivía: «De pequeño frecuentemente me enzarzaba en peleas en mi escuela. Cada vez que un nuevo alumno llegaba a nuestra clase, los niños hacían que se peleara conmigo, como una suerte de introducción. Solían decirme: "Si hasta ahora no sentiste dolor, ahora lo sentirás conmigo". Pero nunca pasaba. Actualmente a lo que más temo es a las heridas internas, por ejemplo apendicitis. Cualquier molestia estomacal o fiebre, provoca que vaya rápidamente al hospital a hacerme una revisión».

Uno de los peores momentos de la vida de Steve fue cuando a los seis años fue llevado fuera de su casa por los Servicios Sociales que, alertados por el hospital, al que acudía día sí día también, temían encontrarse ante un caso de abuso infantil. Fueron necesarios varios meses para que estuviera claro que la familia no tenía nada que ver con su condición.

El dolor, o su ausencia, es un asunto muy serio. Como respuesta evolutiva es perfecta. Richard Dawkins, en su libro *El mayor espectáculo del planeta, la evidencia de la evolución,* asegura que si no fuera tan incómodo y no persistiera durante tanto tiempo, los humanos lo buscaríamos constantemente.

La importancia de este mecanismo se refleja en su estructura: las fibras nerviosas, los receptores de dolor, el cerebro y la médula. Todo comienza con las fibras, capaces de sentir diferentes tipos de estímulos sensoriales: no ocurre lo mismo cuando aplaudes, cuando sientes agua correr entre tus manos o cuando te clavas una aguja. Dependiendo del grado de estímulo físico que tengamos, las fibras responden generando diferentes químicos que influirán en nuestra respuesta: a caricias corresponden ciertos químicos, a calor otros y a presión unos diferentes. Nuestro cuerpo tiene una biblioteca química para responder a los estímulos.

Cuando nos hacemos daño, se activan inmediatamente los receptores de dolor, dedicados exclusivamente a este propósito, que envían señales a la velocidad de un metro por segundo hasta la médula y de allí al cerebro. Estas fibras se encuentran entre las más rápidas del cuerpo. Una vez que la señal llega al cerebro, va directamente al tálamo, el cual actúa como centro de mando y canaliza los impulsos hacia otras zonas: por ejemplo el córtex, que es el encargado de discernir de dónde viene la señal y compararla con dolores anteriores. Pero el tálamo también se hace cargo de nuestra respuesta emocional: es el responsable de que demos un grito, insultemos, golpeemos algo o lloremos. Pero todo este proceso es mucho más que estímulo y respuesta y por ello se habla de los nociceptores, las células encargadas de transmitir el dolor, como de células responsables de otro sentido más. Ellas siguen activas mucho después del golpe, por eso sentimos dolor hasta que la lesión ha desaparecido por completo. Esto tiene un objetivo claro y evolutivo: mientras te siga doliendo, serás más cuidadoso y permitirás la recuperación de la zona herida.

Ahora sería lógico que preguntaras por las ratas topo. Estos mamíferos están entre los más extraños del reino animal. Viven en cuevas bajo la tierra y jamás salen a la superficie. No tienen cáncer, aguantan niveles de dióxido de carbono que dejarían a cualquier otro mamífero con un pie en la tumba... y no sienten dolor. ¿Por qué, si se trata de una estrategia evolutiva, hay vertebrados que no la experimentan? Muy buena pregunta. Y hay dos respuestas posibles. Una tiene que ver con los altos niveles de CO_2 con los que conviven. A dos metros de profundidad y en familias que pueden llegar a los 300 miembros, el dióxido de carbono hace que el medio en el que viven estos roedores (los únicos mamíferos de sangre fría) sea muy ácido, y las ratas topo son particularmente insensibles a los estímulos dolorosos provocados por ácidos. Es decir, se trataría también de una estrategia evolutiva. No olvidemos que la evolución tiene éxito cuando logra una adaptación efectiva al medio y este sería uno de esos casos.

La otra posibilidad tendría que ver con los depredadores. En un medio tan ácido, son pocas las amenazas naturales de las ratas topo. En el conjunto de túneles donde viven, que ellas mismas diseñan (y conocen al dedillo), es muy rara la ocasión en la cual puedan sufrir algún tipo de daño. El dolor es un sentido metabólicamente muy caro, ya que precisa de grandes recursos. El reino de las ratas topo no sería tan importante disponer de esos sensores insidiosos pero inútiles. Por ello el cuerpo de estos animales se habría adaptado para dedicar sus recursos a otras carencias: la falta de oxígeno, la ausencia de agua (obtienen líquido a través de la comida) y la falta de luz.

Thomas Park, científico de la Universidad de Chicago y especialista en las ratas topo, ha descubierto que carecen de un neurotransmisor, conocido como sustancia P (por *pain*, dolor en inglés), fundamental a la hora de enviar señales de dolor. El propósito que persigue Park es comprender por qué ellas no lo experimentan y así encontrar una cura efectiva para personas que sufren de dolores crónicos. Y hasta que ese momento llegue, quizás debamos recurrir a un microchip.

Científicos de la Agencia Nacional de Tecnología en Información y Comunicación de Australia (NICTA) han desarrollado un circuito integrado que se implanta en la médula espinal y al recibir la señal de los nociceptores de dolor, genera una corriente de unos diez voltios que los bloquea e impide que lleguen al cerebro. El microchip que elimina el dolor tiene el tamaño de una caja de cerillas y una batería similar a una tarjeta SIM, que se recarga por un sistema inalámbrico.

Actualmente ya han comenzado los ensayos en humanos y se especula que en dos o tres años esté disponible en el mercado. Habría que ver cómo le sentaría esto a Rorschach… ¿pediría uno?

BLOK

Probablemente el último superviviente del planeta Dryad, Blok es un ser basado en el silicio (la vida en la Tierra está basada en el carbono) que desconoce cómo llegó a nuestro planeta y si hay otros como él. De hecho, sabe tan poco sobre su raza que ignora si es un adulto o un joven. Afortunadamente muy pronto se alía con los buenos y, hasta su muerte, combate en el lado correcto. En su última batalla, justo antes de dar el suspiro final, Blok tiene una experiencia extracorpórea en la que Strata, líder de un gobierno interestelar y también nativa de Dryad, le promete mostrarle su verdadero origen. Gracias a ello, sus últimos pensamientos le llevan a un nirvana interplanetario: muere con una sonrisa.

HAY UN ALMA EN MI CUERPO... Y QUIERE SALIR

Estadísticas recientes aseguran que casi un 10% de la población ha tenido alguna vez un fenómeno conocido como experiencia extracorpórea. Algunos declaran que lo han vivido mientras dormían y sentían cómo el alma o espíritu abandonaba su parte física y se trasladaba hacia nuevos mundos. Otros en cambio hablan de ese momento límbico en que a las puertas de la muerte veían su propio cuerpo en la sala de operaciones, mientras los médicos se afanaban por revivirlos. ¿Cuánto de real hay en estas percepciones? ¿Qué dice la ciencia al respecto?

Bigna Lenggenhager, neurocientífica del Instituto Federal Suizo de Tecnología, ha realizado un experimento para comprobar si podemos engañar al cerebro. Y parece que es más fácil de lo pensado sentir que estás fuera de tu cuerpo: «Llevamos décadas investigando la percepción visual —asegura Lenggenhager—, pero muy poco estudiando la corporal. Ahora eso puede cambiar gracias a la realidad virtual».

El equipo de Lenggenhager invitó a unos voluntarios a utilizar unas gafas de realidad virtual que mostraban la espalda del voluntario, grabada por dos cámaras estereoscópicas (ubicadas a una distancia similar a la de los ojos humanos). De ese modo los sujetos se «veían» a sí mismos. Una vez adaptados a las gafas, uno de los científicos agitaba una mano en el pecho de la persona, pero sin llegar a tocarlo. El voluntario veía la acción pero no la mano, y aún así señalaba que sentía cómo le estaban tocando el pecho.

Por si fuera poco, los expertos suizos llevaron el experimento un paso más allá y pusieron cámaras detrás de un maniquí con una peluca... y el resultado fue el mismo: es muy fácil engañar al cerebro.

En 2005 otro estudio llevado a cabo por Olaf Blanke, del Hospital Universitario de Ginebra, demostró que basta un poco de estimulación electromagnética en la unión temporo-parietal para hacer creer a alguien que está teniendo una experiencia extracorpórea. Esto se debe a que ambas áreas están implicadas en el procesamiento de la información sensorial y cuando se ven afectadas, alteran radicalmente el modo en el que percibimos nuestro cuerpo.

Pero ¿qué pasa con las experiencias cercanas a la muerte? Dean Mobbs, de la Unidad de Ciencias del Cerebro de la Universidad de

Harvard señala que «muchos de los fenómenos asociados con experiencias cercanas a la muerte pueden explicarse biológicamente». Para ello se realizó un experimento muy sencillo. En la unidad de cuidados intensivos, sobre un armario colocaron un pequeño cartel con un texto. El letrero solo podía ser visto por alguien que observara la escena desde arriba. De este modo, cada vez que un paciente aseguraba haber tenido ese instante nirvana, su segundo de lucidez beatífica en el que se veía desde arriba, le preguntaban si había leído el cartelito… Como es obvio, nadie lo vio.

Finalmente, uno de los aspectos más reconocidos en este tipo de relatos es la afirmación de haberse encontrado en un túnel y ver una luz a lo lejos. Esto se conoce como visión en túnel (era de esperar), que se debe a la falta de riego sanguíneo, y por tanto oxígeno, experimentada frente a un miedo acérrimo, en este caso el miedo a morir.

Estos fenómenos, que pueden emularse mediante experimentos controlados, demuestran una vez más el principio de la navaja de Ockham: ante un hecho con varias posibles explicaciones, la más simple o la que requiere menos supuestos, es la más probable. De modo que si mientras duermes tienes una experiencia extracorporal piensa en sueño, no en la existencia de un alma que viajar alrededor del globo. Y si ves un túnel con una luz al final cuando estás en la enfermería, piensa en miedo… ¡Y no vayas hacia la luz!

MAGNETO

Otro ejemplo de vida arrastrada a la maldad por las circunstancias.
Max Eisenhardt (verdadero nombre del personaje), nació en Alema-
nia durante las persecuciones nazis y debe huir a Polonia con su
familia. Allí presencia la ejecución de sus padres y su hermana, para
luego ser enviado a Auschwitz, donde conoce al amor de su vida.
Ambos logran fugarse, huyen a Ucrania y tienen una hija… pero lo
idílico dura muy poco: cuando una multitud quema su hogar, con su
hija dentro, Max se harta de su sino y se transforma en un vendaval
incendiario que mata a toda la ciudad y la reduce a cenizas. Su mujer
le abandona y, lo que probablemente sea la mente más brillante de la
historia del cómic, se inclina hacia el lado del mal, impulsado por un
mundo que considera injusto. ¿Por qué la mente más brillante? Pues
porque Magneto puede dominar las corrientes electromagnéticas y
estas son las que hace que tu cerebro funcione.

O SEA, SUPERINTELIGENCIA, O SEA, ¿NO?

La hipótesis de Allan Snyder, director del Centro de la Mente de la Universidad de Australia es que todos poseemos este tipo de habilidades, pero los genios tienen la capacidad de un «acceso privilegiado» a información subyacente. Nuestro cerebro, asumiendo que no eres un genio, se concentra en lo general para que veamos la información como un conjunto. En cambio, los superdotados ven todas las partes con detalle. Snyder investiga la creatividad y la inteligencia, relacionándolas con las lesiones cerebrales o el autismo. El científico se dio cuenta de algo muy extraño: habitualmente asumimos que el arte, la música y aún las matemáticas son el culmen de la creatividad. Pero entonces descubrimos que personas que han sufrido un daño cerebral o incluso algunos autistas, tienen habilidades creativas extraordinarias. Snyder intenta comprender cómo es posible que el «apagado» de ciertas regiones cerebrales, encienda capacidades de genio en algunas personas.

Para responder a esta pregunta, Snyder hizo un experimento y descubrió una posible respuesta al enigma. Recurriendo a la estimulación cerebral es posible atravesar barreras y descubrir al genio interior. Vamos a por un ejemplo. El siguiente problema es conocido como el enigma de los nueve puntos. Su objetivo es unir todos ellos con solo cuatro trazos rectos, dibujados sin levantar el lápiz:

Piénsalo. No mires la solución al final del libro.

En un trabajo recientemente publicado en *Neuroscience Letters*, Snyder y Richard enfrentaron a una serie de voluntarios al reto de los nueve puntos. La mitad de ellos tenían una serie de electrodos conectados a su cráneo. Después de varios intentos sin lograr resolverlo, se estimuló con una corriente a los que estaban conectados y casi la mitad de ellos resolvieron el problema, en cambio entre los sujetos que no tenían electrodos ninguno logró hallar la solución.

Magneto es un tipo capaz de manipular corrientes eléctricas. Por eso, consciente o inconscientemente, bien podría modificar el movimiento de electrones dentro de su cerebro para estimular la propia genialidad. En los que no somos superhéroes, la técnica se conoce como Corriente Estimulante Transcraneal Directa (TDCS por sus siglas en inglés) y se basa en aplicar flujos eléctricos muy débiles en el cráneo a través de electrodos, un método que se ha mostrado fiable y sin efectos secundarios. Gracias a la TDCS, Roi Cohen Kadosh de la Universidad de Oxford ha mejorado la habilidad numérica en voluntarios después de entrenarlos durante seis días. Lo increíble es que la mejora siguió estando presente hasta seis meses después de las TDCS.

Esta técnica también se ha usado para acelerar el proceso de rehabilitación en pacientes que han sufrido un derrame cerebral cuando se ve afectada, por ejemplo, la habilidad para hablar. El Ministerio de Defensa de Estados Unidos ha recurrido a la TDCS para acelerar el proceso de aprendizaje de soldados y analistas.

Pero Kadosh ha descubierto que los beneficios en una región pueden traer aparejadas algunas consecuencias inesperadas. Y poco deseables.

Junto a Teresa Iuculano, Kadosh estudió a 18 voluntarios que aprendían un nuevo sistema numérico (se relacionaban formas geométricas con números: el triángulo representaba el 1, un circulo el 2 y así…). Un tercio de ellos recibían estimulación en la parte posterior del córtex parietal, región involucrada en el procesamiento de los números. Otros recibieron su dosis en el córtex prefrontal dorsolateral, implicado en el aprendizaje y la memoria. Y al último grupo se le conectó solo a nivel superficial: únicamente su piel recibía las señales eléctricas y no había cambios en la actividad cerebral.

El primer grupo aprendió mucho más rápido que el tercero a resolver un problema, pero cuando le presentaban un ejercicio desconocido se encontraban con dificultades. Por su parte, el segundo grupo, el que había recibido estimulación en las regiones implicadas en el aprendizaje y la memoria, se mostró más lento en aprender el nuevo sistema, pero una vez aprendido no tenían dificultad para resolver diferentes ejercicios. Para Kadosh está claro que estimular una región u otra del cerebro puede aportar beneficios, pero también efectos secundarios. Dependiendo de lo que se busque, se debe localizar el

área concreta a activar. Así que ya sabes: si quieres convertirte en un genio, el poder de Magneto te proporciona la respuesta. Pero no lo hagas en casa. Kadosh subraya que recibió correos de decenas de personas que habían diseñado su propio estimulador transcraneal sin tener ningún tipo de conocimientos de ingeniería, neurología o electrónica, por lo tanto ni se te ocurra diseñar tu propio «casco de genio».

Pero, «arquitectónicamente», ¿qué diferencias hay entre el cerebro de un genio y el de un ciudadano de la calle? A medida que avanza la tecnología para estudiar el entramado neuronal, somos capaces de identificar sutilezas que distinguen ambas mentes.

El córtex de la mayoría de los mortales se conecta con el resto del cerebro a través de conexiones cortas y largas en un promedio de 50/50. En cambio, aquellos con cualidades extraordinarias presentan conexiones que son de un 70/30: si la mayoría son conexiones cortas, la especialización es en un campo determinado, pero si son largas hay varios intereses.

Otra región involucrada en las capacidades intelectuales es el córtex prefrontal, relacionada con el pensamiento abstracto. En los genios, esta zona está más densamente poblada que en el resto de las personas.

Finalmente, la hormona dopamina también tendría algo que decir. Los «Magnetos» del mundo real, los superinteligentes, tienen menos receptores de dopamina en el tálamo. Esto hace que no lleguen al cerebro estímulos o información si no aportan nada nuevo. Por ello se concentran más fácilmente, son menos dispersos, y así es más probable que contemplen opciones menos habituales para solucionar problemas.

¿Tú diste con la respuesta al problema de los nueve puntos?

GRENDEL

Matt Wagner es el creador de este personaje. Su excelente trabajo le permitió más tarde escribir varios cómics de Batman: los editores debieron considerar que su experiencia con Grendel podría darle un tono más negro al Caballero Oscuro.

La historia comienza en algún lugar del Medio Oeste estadounidense. Allí crece un niño llamado Eddie, que a los cuatro años memoriza la guía telefónica de su pueblo… y de las seis comunidades vecinas. A los seis podía citar cualquier línea de los libros de William Shakespeare y dos años más tarde había escrito doce obras de teatro y simultáneamente trabajaba en varias novelas. Por desgracia para el propio Eddie y para el planeta, nada se sabe de esas obras y ninguno de sus profesores supo identificar su carácter genial (esto ya ha sucedido en el mundo real). El aburrimiento empuja a Eddie hacia compañías poco recomendables y a aprovecharse de una fuerza física similar a su poderío mental, conjunción que lo catapultaría al más alto puesto de la mafia… con una parada intermedia como asesino a sueldo.

MEMORABILIA

Uno de los personajes más conocidos de la literatura es *Funes, el memorioso*, creado por Jorge Luis Borges. Funes es un superdotado de los recuerdos, hasta el extremo de que le toma exactamente un día recordar lo que hizo la jornada previa. A primera vista parece ventajoso recibir un talento de este calibre, pero piénsalo bien: jamás te olvidarías del daño que te han hecho tus seres queridos, recordarías siempre las discusiones con ellos y las palabras que quizás dijeron en un momento de calor, y de las cuales se arrepintieron más tarde. Igual que hacemos todos en algún momento.

Pues hay una mujer que podría tutearse con Funes. Se llama Jill Price y tiene 42 años. Para ella ningún error, momento de dolor o decepción se olvida. Para ella las heridas no las cura el tiempo. «Nadie puede imaginar cómo es esto —asegura en una entrevista—, ni siquiera los científicos que me estudian.»

Uno de ellos es James McGaugh. Gracias a que Price escribe un diario desde los diez años, en el que refleja todo lo que le ocurre (actualmente supera las 50.000 páginas), McGaugh ha podido confirmar la increíble memoria de esta mujer. Lo recuerda todo: qué hizo hace exactamente una década, dónde estaba, la ropa que llevaba y con quién compartió ese momento.

La pregunta lógica es ¿por qué ella sí y yo no? Para McGaugh la respuesta está en nuestra capacidad cerebral: «si recordáramos absolutamente todo, nuestro cerebro estaría recargado de información constantemente y operaría mucho más lento. Olvidar es una condición necesaria para tener una memoria viable».

Personas como Price, hasta ahora se conocen otras tres, desafían una teoría sobre la que se ha basado el estudio de la memoria en el último medio siglo: los recuerdos que se afianzan de modo más intenso y con más detalle son aquellos relacionados con la emoción. Pero Jill Price recuerda absolutamente todo: sus momentos más emotivos y sus instantes menos memorables… por llamarlos de algún modo, aunque suene contradictorio.

En términos neurobiológicos, un recuerdo no es más que un patrón de enlaces entre neuronas que se crea cuando una red de sinapsis quedan activadas por un determinado lapso de tiempo. Cuanto más frecuentemente se recurre a esta memoria, más permanente se vuelve el recuerdo (eso podría explicar por qué algunas técnicas de memoria se basan en la repetición). Las emociones se procesan en un área del cerebro, la amígdala, y cuanto mayor es el estímulo que recibe esta, más probable será la construcción de un recuerdo duradero. Pero como dice McGaugh: «ahora nos enfrentamos a cuatro personas que desafían este conocimiento porque recuerdan hasta el más banal de los momentos». Extrañamente, tres de los cuatro cerebros que James está estudiando pertenecen a personas zurdas. Los científicos aún desconocen si esto significa algo.

Dentro del campo de la neurobiología es fundamental reconocer qué áreas están involucradas en determinados procesos. Esta disciplina ha visto significativos avances en los últimos años gracias a las resonancias magnéticas, las tomografías y otras técnicas no invasivas que permiten estudiar la actividad cerebral ante circunstancias concretas. Pero ya desde hace casi un siglo, los científicos han recurrido a pacientes con lesiones cerebrales para aprender y descubrir su funcionamiento. En 1953, después de casi tres décadas sufriendo ataques de epilepsia, el estadounidense Henry G. Molaison, decidió someterse a una intervención en la cual se le extirpó el hipocampo. El resultado fue que ya nunca más tuvo ataques... pero perdió por completo toda capacidad para generar nuevos recuerdos: a los pocos segundos de presentarle a alguien se olvidaba de él. Así fue cómo, desafortunadamente, se descubrió la importancia del hipocampo en la construcción de la memoria.

Pero no te preocupes: hay una posibilidad que permitiría emular a Grendel y hacerte con una memoria todopoderosa. Y está en España. Un equipo de investigadores de la Universidad de Málaga, liderados por Zafaruddin Khan, ha descubierto que una proteína conocida como RGS14 es capaz de estimular la corteza visual e incrementar unas mil veces nuestra memoria. El estudio fue llevado a cabo en ratas, que lograron retener la información de un objeto durante meses, mientras que los roedores utilizados como control solo llegaban a los 45 minutos. En el estudio, publicado en *Science*, Khan subraya que la RGS14 es «una biomolécula con posibilidades de uso para desarrollar un medicamento que cure las deficiencias en la memoria, no solo en pacientes con patologías neurológicas, sino también en la población anciana», aunque nada se dice de Grendel. Quizá olvidaron mencionarlo.

PROFESOR X

Otra mente preclara en el universo mutante de los superhéroes. Sus poderes se desatan cuando un alienígena llamado Lucifer le ataca por frustrar su propósito de dominar la Tierra. El resultado del encontronazo es que Charles Xavier queda parapléjico, pero con la capacidad de utilizar la telepatía y la manipulación mental hasta extremos nunca vistos. Aprovecha esa inteligencia para lucir varios títulos (graduado por Oxford y Harvard en genética, biofísica y psicología), que afortunadamente usa para el bien: funda los X-men y crea una escuela para nuevos talentos mutantes que les brinda seguridad, cobijo y comprensión en un nuevo mundo. Eso sí, a veces, utiliza sus poderes para manipular los recuerdos de amigos y adversarios con el objetivo de llevarlos a su terreno.

OIGA USTED: NO ME TOQUE LOS RECUERDOS

Dos equipos de científicos han encontrado el modo de crear falsas memorias e implantarlas a voluntad en el cerebro. La técnica tiene una pequeña limitación: por ahora sólo funciona en ratones.

Uno de los grupos, liderado por Mark Mayford, del Instituto de Investigación Scripps (Universidad de California), insertó dos genes en ratones. El primero de ellos produce un receptor con el que los investigadores pueden activar una neurona, es decir, utilizan una sustancia química para «encender» la célula nerviosa. Luego unen este gen al segundo, que solo se activa con neuronas específicas: aquellas que forman memorias. Básicamente con esto logran instalar un interruptor en las neuronas que construyen recuerdos.

Para el experimento, los científicos pusieron a los roedores en una pequeña jaula, dejando que se habituaran a ella. Después los mudaron a otra jaula, pero previamente activaron sus neuronas gracias al dispositivo genético que les habían incorporado. Con ello, los ratones mantenían el convencimiento de estar en un sitio seguro, cuando lo cierto era que estaban en una jaula donde recibían corrientes eléctricas.

La otra técnica utiliza pulsos de luz para estimular las neuronas. «Una memoria específica —señala Susumu Tonegawa, profesora de biología y neurociencia en el Instituto Tecnológico de Massachusetts (MIT)— puede ser generada en un mamífero activando grupos muy precisos de neuronas». El equipo de Tonegawa modifica las células nerviosas seleccionadas con una proteína que se activa con la luz. Seguidamente realiza un experimento similar al del equipo anterior: una jaula segura y otra de electroshocks. Aunque los ratones estuvieran en la jaula «segura», si «veían la luz» creían que estaban en la sala eléctrica y al adivinar la que se les venía encima presentaban signos de temor y una evidente actitud defensiva. Por ahora la ciencia ha descubierta unas cinco formas de crear memorias falsas, por si quieres imitar al profesor X:

1) Al igual que ocurre con la plastilina que utilizábamos en el parvulario, cuanta más gente entra en contacto con un recuerdo, más flexible se vuelve la memoria. Por ejemplo, terminas de ver una obra de teatro con un grupo de amigos. Al día siguiente te reúnes en un bar para hablar con ellos y cada uno recuerda fragmentos

inconexos. Al cabo de un tiempo terminas construyendo una historia de la obra hecha con retazos de lo que te han contado.

2) La combinación de dos recuerdos a menudo construye uno nuevo. Juguemos al mecano de la memoria: evocas la conversación que tuviste con un amigo y la unes a un chiste que te contó otro. Al final asumes que fue el primero quien hizo la broma. De acuerdo con algunas teorías, este tipo de error se debe a fallos en los enlaces que fijan los recuerdos.

3) ¿Recuerdas la frase completa de la última oración? No, pero si te pidieran que explicaras el sentido, lo harías perfectamente. Memorizamos las cosas de dos modos: basándonos en lo que de verdad ocurrió y apoyándonos en nuestra elaboración particular de los sucesos. Recordar lo sucedido a partir de una interpretación ocupa menos sitio en nuestra mente y permite que acumulemos más memorias, pero a cambio deja la puerta abierta a evocaciones falsas.

4) Alguna vez habrás discutido con tu pareja. ¿No? Enhorabuena. Te dedicaremos un capítulo entre los superhéroes. Bueno, al menos una vez tuviste una bronca con tus padres. ¿Tampoco? Pues deja el libro un momento y ve a discutir con alguien. Ya está. Seguro que apareció el momento tipo «Es que tú dijiste…», en el cual señalas detalles que realmente no sucedieron. Cuando las emociones se meten dentro de un recuerdo, activan dos zonas distintas del cerebro: la amígdala (sentimientos) y el hipocampo (memoria). Esto crea una suerte de cortocircuito que no siempre permite al recuerdo brotar fluidamente. Es verdad que las emociones consiguen afianzar más profundamente la memoria, pero el cortocircuito da un resultado que no es totalmente fiable. Lo extraño es que una emoción negativa, tristeza, rabia… hace que los recuerdos sean mucho más verídicos que los sentimientos positivos. Los científicos especulan que esto tiene que ver con una estrategia de supervivencia: evolutivamente, resulta más sustancial para nuestro aprendizaje recordar algo que nos produjo miedo o rabia que algo que nos hizo felices.

5) Cuando recuerdas tus vacaciones en la infancia, seguro que te ves siempre con el aquel bañador o en la misma playa con los amigos… que siempre tienen idéntico aspecto, no importa durante cuántos años los hayas seguido viendo. La memoria trabaja a menudo llenando huecos que nos podrían producir una sensación desagradable. Por ello nuestra mente recurre a un fenómeno denominado interferencia: cubrir los espacios vacíos con lo que parezca más coherente. Otra situación similar ocurre cuando una emoción del pasado coincide con un sentimiento del presente, incluso aunque hayan transcurrido varios años… ¿Acaso no cambiamos?

DAREDEVIL

El joven Matthew Murdock perdió la vista a los ocho años, cuando un camión cargado de productos radiactivos tiene un accidente, salpicando parte de ese material en los ojos de Matthew. Este hecho tiene consecuencias directas en el chico: sus sentidos restantes, mejorados por la sustancia radiactiva y misteriosa, lo convierten en un ser capaz de utilizar el oído como fuente de información visual para ver lo que nadie ve. Su cerebro se adapta a los nuevos poderes cambiando de configuración para dotarlo de habilidades insospechadas... como las de nuestra mente.

LOS CAMBIOS DE MENTALIDAD SON SANOS

La neuroplasticidad es el potencial que tiene el cerebro para reestructurarse a sí mismo, a partir de la habilidad o la práctica.

Después de su accidente, el cerebro de Matthew Murdock debió remodelarse gracias al hábito de usar otros sentidos y no depender de la vista. Un ejemplo más real de plasticidad neuronal se puede observar en el cerebro de los músicos. Cuando se analizan imágenes de fMRI (resonancia magnética funcional), el cerebro de los violinistas revela que han desarrollado mucho más de lo normal las áreas destinadas a controlar sus dedos. Los cambios son directamente proporcionales a la cantidad y calidad del ejercicio, de manera que estos cerebros se adaptan de modos sumamente tangibles.

Y bastante más rápido de lo normal. Una investigación realizada por Joenna Driemeyer, del Departamento de Neurociencias de la Universidad de Hamburgo, demostró que bastan siete días para que se produzcan estas adaptaciones. Junto a su equipo, Driemeyer le pidió a veinte voluntarios que aprendieran a hacer malabares con tres bolas y analizó mediante fMRI los cambios que se producían en su cerebro a los 7, 14 y 35 días. Las adaptaciones se produjeron principalmente en el lóbulo frontal, en un área conocida como V5, que se encarga del análisis espacial. Cuando se obtuvieron los primeros resultados con los participantes en la prueba, quedó claro que la densidad de las conexiones en V5 se había incrementado en la primera semana como malabaristas.

Michael Merzenich, el creador de Posit Science y quien desarrolló el implante coclear, asegura que es «imposible que haya neuroplasticidad en aislamiento». Lo cual permite extraer una conclusión inmediata: no siempre la reestructuración de las neuronas se deriva de acciones positivas, como el aprendizaje.

Por ejemplo, la tensión nerviosa no solo daña el sistema cardiovascular. La hormona del estrés hace que se detenga la producción de neuronas. Dicho en lenguaje técnico-poético: la segregación de corticosteroides provoca estasis en la neurogénesis. De hecho, el estrés crónico puede encoger el cerebro, haciendo que sea difícil incorporar nueva información. Para que esto se produzca, para que aprendamos algo nuevo y nuestro cerebro cambie, es preciso encontrar un equilibrio muy preciso que seguro recuerdas de la escuela: si los maestros daban largas parrafadas de innumerables detalles, no eras capaz de absorber el caudal de información y tu mente se cerraba. Por el contrario, si la clase era lenta y poco estimulante, tus neuronas buscaban distraerse con algo más interesante.

Así que, de estímulos, los justos. El cerebro sabe cuál es el ritmo adecuado, y es el flujo de datos el que debe adaptarse a la velocidad de procesado de nuestros circuitos.

Bien claro lo dice Nicholas Carr en su libro *Superficiales*: «Durante los últimos años he tenido la sensación de que alguien, o algo, ha estado trasteando en mi cerebro [...]. No pienso de la forma que solía pensar. Lo siento con mayor fuerza cuando leo [...]. Ahora mi concentración empieza a disiparse después de una página o dos. Pierdo el sosiego y el hilo, empiezo a pensar qué otra cosa hacer». El causante de esta pérdida de profundidad en la lectura sería Internet, un invento cargado de prodigios, pero que también podría estar modificando las estructuras neuronales al acostumbrarlas a digerir solo superficialmente grandes volúmenes de información. Hemos elegido cantidad en vez de calidad, y el cerebro se ha adaptado a eso.

La estructura ágil y ligera de la red mundial se nos ha metido en la sesera, aligerando nuestra red de conexiones interna. Internet nos neuroplastifica.

Otra clave para producir o facilitar la plasticidad del cerebro sería el ejercicio. Realizar una actividad física regular incrementa el factor neurotrófico, BDNF, que potencia el crecimiento cerebral y las conexiones neuronales.

Científicos de la Universidad de Zurich han estudiado un grupo de voluntarios diestros que tenían el brazo derecho fracturado. Sucedió que en solo catorce días habían perdido un 10% de materia gris en el lado izquierdo del cerebro… que se había trasladado al lado derecho. Esto se debe a que algunas funciones del lado derecho de nuestro cuerpo son competencia del hemisferio izquierdo y viceversa. Confirmado esto, los científicos pudieron observar un aumento en la destreza y las habilidades de los voluntarios en su lado siniestro (que no malvado).

Este nuevo conocimiento permitirá tratar a pacientes cuando han sufrido algún tipo de derrame que haya mermado las funciones de sus extremidades.

La buena noticia es que la neuroplasticidad sigue en marcha durante toda la vida del individuo. El inicio está claro: dentro del seno materno ya se está cableando el cerebro. Pero el final del proceso se ha ido dilatando: primero se creyó que a los seis años (cuando deja de crecer) el cerebro estaba formado y completo. Luego se amplió hacia los veinte años (superada la adolescencia). Solo recientemente hemos sabido que a cualquier edad se puede borrar la pizarra y volver a pintarla. Es posible aprender, inventar, soñar... hasta el mismo día de la muerte. El músculo del cerebro reacciona fortaleciéndose sin atender a la excusa de la vejez. Pero para eso hace falta ejercicio.

Lo que hay detrás de este proceso serían las 10.000 conexiones sinápticas que se abren desde cada neurona. Es difícil de calcular, pero disponemos de entre 10.000 y 100.000 millones de neuronas. Por tanto, el total de posibles sinapsis es... El lector puede echar la cuenta mentalmente y así trabajar los circuitos de cálculo, atrofiados por el uso de máquinas.

Ese inmenso número de conmutaciones posibles permite definir múltiples rutas, que se refuerzan o inactivan con el uso. El tiempo de vida y la frecuencia con que se repite un impulso en determinada sinapsis hará que cambien la estructura y la velocidad de reacción, y esto es el proceso dinámico de la plasticidad.

Sin duda, existe una programación innata y existen las predisposiciones genéticas. Pero en buena medida no se trata de fijaciones inamovibles, sino tendencias de partida que luego pueden afianzarse (o no) con la experiencia.

Daredevil aprendió nuevas habilidades al quedarse ciego con ocho años. Que tú no necesites una ceguera para que se haga la luz.

CYPHER

Este mutante ignoraba el poder que tenía, hasta que lo despierta un encuentro con Charles Xavier. El joven Doug Ramsey tiene la habilidad intuitiva de entender y traducir cualquier forma de comunicación, escrita, hablada y hasta no verbal, sea humana, computacional o alienígena. Cypher escucha lo que ocurre dentro de otros cerebros y lo entiende cualquiera que sea el lenguaje utilizado.

Al ser algo natural en él, le permite hacer deducciones que nadie más puede comprender, pero que siempre resultan sorprendentemente acertadas. Son los beneficios de hablar otros idiomas.

HA COMUNICADO CON MI CEREBRO. SI QUIERE QUE LE ATIENDA EN AFRIKAANS, PULSE «1»...

David Marsh, de la Universidad Jyväskylä, es el coordinador del primer análisis internacional que estudio los beneficios del multilingüismo. El trabajo es conocido como *Contribución del Multilingüismo a la Creatividad*, y de acuerdo con Marsh «el estudio muestra que, cuando se dominan varios idiomas, al menos seis regiones del cerebro aumentan su actividad y ponen al sujeto en clara ventaja frente a otros». Las áreas en las que se obtienen más beneficios son aquellas relacionadas con el aprendizaje, la creatividad, la flexibilidad mental, las habilidades para comunicarse y la complejidad de pensamiento. Una de las zonas del cerebro que más importancia mostró fue la responsable de las funciones relativas a la memoria. «Es obvio — señala Marsh— que estimular la memoria puede tener un profundo impacto en el aprendizaje. Esta sería una de las razones por la cual quienes hablan diferentes lenguas muestran una mayor habilidad al resolver problemas».

Pero no hace falta saber varios idiomas. La investigación prueba que ya se notan diferencias en la neuroconectividad simplemente al *comenzar* el estudio de una nueva lengua. Este efecto es visible desde la infancia: quienes aprenden un segundo idioma de pequeños, muestran mayor densidad de materia gris en el córtex parietal inferior. Está por ver si se trata de una predisposición genética o es la plasticidad neuronal quien procura tal engrosamiento, aunque la balanza se inclina a favor de esto último.

Ocurre que el aprendizaje de un idioma es un proceso mucho más complejo de lo que podría pensarse por el simple hecho de que un niño de dos años ya domine al menos una lengua.

Exactamente ¿cómo se organiza la adquisición de un idioma en el cerebro? ¿Se almacena cada nueva lengua en un área distinta, o el conocimiento va por capas?

La academia de idiomas la tenemos en áreas del córtex organizadas alrededor del surco lateral (cisura de Silvio) del hemisferio izquierdo. Una demostración práctica la tuvo Einstein... después de muerto: al analizar su cerebro se detectó una peculiar inclinación del surco de

Silvio, liberando volumen para el área de razonamiento abstracto en detrimento de la zona destinada al lenguaje. Quizá esto explique por qué el genio de la física tuvo dificultades para empezar a hablar.

Gracias a los avances en técnicas para observar el cerebro, los científicos han descubierto recientemente que la mayor parte de procesamiento del lenguaje ocurre en el mismo tejido. Pero, y aquí viene lo sorprendente, cuando las personas bilingües tienen que hablar los dos idiomas en un mismo sitio, una reunión por ejemplo, muestran una actividad mucho mayor en el hemisferio derecho que aquellos que solo hablan un idioma, particularmente en el córtex prefrontal dorso lateral. Esa sería la clave que concede ventajas al bilingüismo: la atención y el control. Esto es tan propio de los bilingües que se ha convertido en una firma neurológica para quien domina más de una lengua.

Sin embargo, el barrio de Silvio no es la única zona involucrada en el negocio de los idiomas. Tanto el hemisferio izquierdo como el derecho participan al producir o interpretar mensajes, procesando independientemente la fonética (incluida la rima), sintaxis (incluida la traducción simultánea) o semántica (incluida la sinonimia). Además, esto ocurre con independencia de que la comunicación sea hablada, leída o escuchada.

En el caso de los multilingües, parece que la ubicación del conjunto de idiomas es única y está muy localizada. Existen variaciones a lo largo de la vida que dependerían solo del grado de dominio alcanzado en una lengua particular. Por ejemplo, si se va repitiendo la misma palabra en distintas hablas, mientras el sujeto que las comprende se somete a tomografía por emisión de positrones, las estructuras neuronales activas son todo el tiempo las mismas, sin variaciones por el hecho de modificar el diccionario. El único cambio estaría en el área del putamen del hemisferio izquierdo, que actuaría como una especie de balón de oxígeno para reforzar a los idiomas no nativos.

La conclusión sería que los idiomas no se almacenan por adición, emplazando capas monoidiomáticas en cada estructura del lenguaje, sino que el multilingüismo funciona como una compleja red interconectada, que gana eficiencia porque aprovecha mecanismos compartidos entre todos los idiomas.

A pesar de todo, el multilingüismo no es tan bonito como suena al oído: quienes poseen esa capacidad son más proclives a padecer afasia, caracterizada precisamente por la dificultad para articular o comprender un lenguaje. Investigar la recuperación de estos individuos permite comprender mejor lo que pasaba en su cerebro antes de que alguna lesión les indujera la afasia. En algunos casos recuperan solo un lenguaje, en otros recobran todos. Una tercera posibilidad es ir reconquistándolos poco a poco, mezclando involuntariamente sus léxicos y gramáticas durante el proceso. Estos patrones indicarían que, aunque compartan espacio en el cerebro, cada lengua tiene un sistema propio de control y de representación, que serían los dañados temporalmente por la afasia.

El cerebro multilingüe es más operativo, y quizá sea cierto que prepare mejor para nuevos conocimientos. Además, la neuroplasticidad como concepto y las pruebas experimentales en la práctica, aseguran que la edad no es un factor determinante para conseguir ese mecanismo optimizado. No importa los años que hayas cumplido: puedes aprender un nuevo idioma.

No sabemos si a Cypher le gustará saber que pueden salirle competidores.

RHINO

Por definición, el terreno de los sueños da para muchas fantasías desbocadas, precisamente por ser un lugar casi desconocido por la ciencia. Eso lo sabe Aleksei Sytsevich, ciudadano de algún país del Este, que logra infiltrarse en los sueños de personajes como Hulk o Spiderman para desafiarlos allí también. La habilidad de Sytsevich yace en un traje ultrarresistente que mediante un experimento se ha unido a su piel blindándola. Lo que nunca se explica claramente es cómo logra introducirse en la cama de algunos superhéroes... en sentido figurado.

Una vida de delitos y arrepentimientos conduce a Rhino primero a la cárcel y luego a la buena conducta. Desafortunadamente no consigue su redención ya que, enamorado de una camarera, ve cómo esta es asesinada por un Rhino alternativo, que usurpó el diseño de su traje y lo modificó para obtener mayores poderes. Aunque no tantos como los que el sueño produce en tu cerebro.

NO ME DESPIERTES, QUE TENGO QUE ESTUDIAR

Quizá todavía no hayamos llegado al avance tecnológico que te permita ir a dormir y despertar hablando chino mandarín, pero hay otras cosas que sí serías capaz de aprender. Un nuevo estudio publicado en *Nature Neuroscience* muestra que se nos puede condicionar para responder a un sonido en particular utilizando fragancias... mientras duermes.

En el experimento, conducido por Noam Sobel, Anat Arzi e Ilana Hairston, del Instituto Weizmann de Tel Aviv, los voluntarios eran rociados con olores agradables y desagradables mientras dormían. Al igual que las personas que están despiertas, los voluntarios reaccionaban con respiraciones más débiles y superficiales cuando el olor era desagradable, y respiraciones fuertes y largas cuando la fragancia era placentera.

Para sumar una dificultad más, los investigadores asignaron a cada olor un sonido en un tono muy específico. Se realizó el experimento varias veces y el tiempo suficiente para provocar una respuesta pavloviana en los participantes de manera que, aún dormidos, la respuesta asociada a cada olor, agradable o desagradable, siempre era la misma.

Aquí es donde se pone interesante el asunto. Los voluntarios escucharon los tonos una vez despiertos, y no es de extrañar que cada respuesta coincidiera con la reacción que tenían cuando dormían: si el tono estaba asociado a un olor agradable, respiraban profundamente y si era propio del más ofensivo, respiraban más agitada y rápidamente. La lección de los olores se quedó con ellos, incluso cuando estaban despiertos. Conviene señalar que los voluntarios no tenían ningún recuerdo consciente del experimento.

«Queremos saber dónde se encuentran los límites entre lo que puede y no puede aprender durante el sueño», dice Anat Arzi, una de los responsables del estudio.

Tras la primera batería de pruebas, el equipo investigador diseñó una nueva tanda incluso más sofisticada, consiguiendo vincular un tono concreto y el olor a pescado podrido en pleno sueño profundo.

Otro estudio encontró que las personas pueden agudizar las habilidades existentes durante la siesta: después de escuchar una canción en medio de la modorra de mediodía, los voluntarios eran mejores para tocar las notas correctas en un teclado. Seguramente no sea esa la influencia que Rhino desearía tener en nosotros.

La ciencia no es lo suficientemente clara para sugerir que los estudiantes deben, por ejemplo, reproducir cintas de vocabulario japonés durante la noche, pero los resultados muestran que las neuronas, aún dormidas, retienen información. Y las implicaciones van más allá de estudiar para un examen.

Desafortunadamente, el cerebro no siempre sabe qué tiene que hacer y cuándo. Mientras en algunos casos dormir sirve para resolver problemas. Friederich Kekulé, por ejemplo, «descubrió» la molécula del benceno durmiendo. Y no fue el único: Salvador Dalí, Isaac Newton, Paul Klee… todos ellos obtuvieron, en algún momento de su carrera, inspiración en el reino de Morfeo. Los estudios demuestran también que acunar lo estudiado entre sábanas la noche anterior a un examen, sirve para fijar los conceptos… pero, como decíamos antes, el cerebro no sabe muy bien lo que hace. Al mismo tiempo que sucede esto, dormir después de una experiencia dolorosa puede ayudar a que los recuerdos se afiancen de modo más permanente. Así, permanecer despierto durante una época de experiencias negativas puede ayudar a disminuir el impacto emocional de un trauma. Quizá por eso se extendió la costumbre de velar a los muertos.

Puede que sea un recuerdo evolutivo y que fijar memorias ingratas en el sueño sirva para que no repitamos los errores. De todos modos, quizá la ciencia haga un salto en todo esto: un estudio con ratones ha logrado evitar los malos recuerdos sin que perdieran el sueño. Aysa Rolls, de la Universidad de Stanford, hizo que unos roedores asociaran el olor a jazmines con un toque eléctrico en su pata. El doloroso recuerdo se fijó dejándolos dormir y liberando pequeñas dosis del perfume en el aire. Al día siguiente los animales, cada vez que olían jazmines, se paralizaban anticipando la ingrata experiencia que vivirían. Pero el equipo de investigadores inyectó a la mitad de las ratas con anisomicina (una proteína) en la amígdala, región del cerebro implicada en las emociones. Lo extraordinario es que al día siguiente, cuando se liberaba la esencia floral, las ratas inyectadas no la relacionaban con dolor… al contrario que sus pares, quienes no conocían los efectos de la anisomicina.

La realidad es que, dado que los científicos todavía no entienden por qué los seres humanos necesitan pasar una buena parte de su vida durmiendo, algunos cuestionan la sabiduría de dar a la cabeza más trabajo en esta etapa. Tal vez conviene dejar tranquilo al cerebro durante la noche y tener tiempo para «sus labores». Según Robert Stickgold, investigador del sueño de la Harvard Medical School, «el sueño podría ser más inteligente que tú». Y si no, mirad lo que ocurre con Rhino, que pasa de vengador a vengado y solitario.

LOBEZNO

James Howlet es un espíritu errante. Mucho antes de asumir su identidad lobuna, ya se comportaba como un solitario. Nacido en una colonia minera del norte de Canadá, pronto la abandona y adopta el nombre de Logan… y a una familia de lobos. Más tarde se muda con los indios Blackfoot, se alista para combatir en la Primera Guerra Mundial y comienza a sospechar que algo no va bien en su cuerpo: sus heridas se curan demasiado rápido y sin necesidad de intervención médica. Logan se da cuenta de que es un mutante, pero no es el único en notarlo: se le recluta para distintos experimentos militares en los cuales convierten sus huesos en metal, extirpándole de paso toda memoria del pasado. Básicamente usan una fiera como conejillo de Indias, pero llega un momento en que se harta y se va por libre. Lo propio de un lobo solitario.

Superando sus evidentes poderes de fuerza y regeneración, la habilidad más sorprendente e interesante de Lobezno son sus agudísimos sentidos… y la interacción entre ellos.

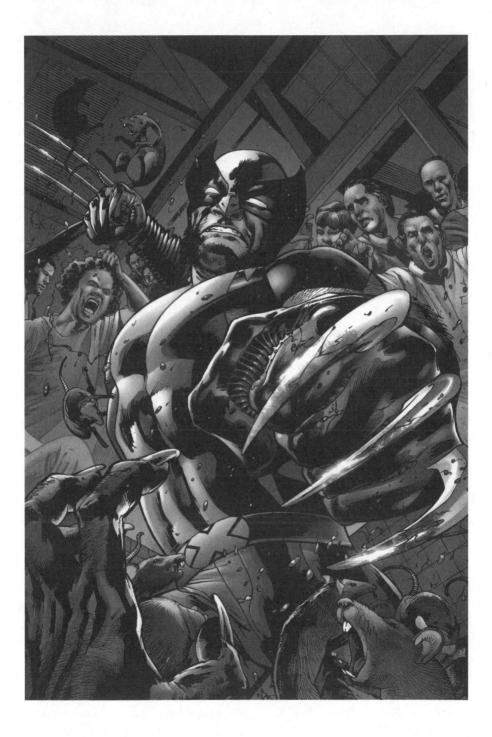

ME PARECIÓ VER
UN LINDO TUFITO

La combinación de nuestros sentidos es lo que nos permite obtener información fiable del entorno y reaccionar en consecuencia. Pero esto no siempre funciona del modo convencional y a veces la información llega al lugar equivocado: hay quienes huelen un color o saborean chocolate inexistente al escuchar una sinfonía.

¿Cómo se gesta esta situación? ¿Para qué sirve? Algunos científicos creen que se trata de un cruce de cables en nuestro cerebro. En los sinestésicos, aparentemente las neuronas y sinapsis que se «supone» integrantes de uno de nuestros sentidos, deciden conectarse a otro. La razón no es conocida, pero la realidad es que este desconcierto neuronal lo tenemos todos al nacer y luego cada sistema va refinando lentamente sus conexiones. De acuerdo con algunos estudios, los bebés responden a los estímulos sensoriales de una manera que puede implicar percepciones sinestésicas. Se supone entonces que apenas nacidos tenemos esta habilidad, pero luego la perdemos. Por algún motivo, ciertos adultos han mantenido esa cualidad.

No queda claro tampoco qué partes del cerebro están implicadas en la sinestesia. Richard Cytowic, neurólogo de la Universidad George Washington, asume que el sistema límbico es el principal responsable de este tipo de experiencias. El sistema límbico incluye varias estructuras cerebrales mayores encargadas de regular nuestras respuestas emocionales. Otras investigaciones, sin embargo, han revelado una actividad significativa en la corteza cerebral durante los episodios sinestésicos. De hecho, los estudios han demostrado un efecto particularmente interesante en la corteza: áreas que controlan el sistema auditivo activan también varias áreas de la corteza visual. Por ello, al escuchar ciertas palabras también se perciben colores relacionados con ellas, en particular, las áreas de la corteza visual asociada con el procesamiento del color. En cambio, los no sinestésicos manifiestan menor actividad en estas áreas, incluso cuando se les pidió que imaginaran o asociaran colores con ciertas palabras.

Si quieres experimentar la sinestesia, estás de suerte. Un equipo de científicos sugiere que se puede aprender. Nathan Witthoft y Jonathan Winawer, de la Universidad de Stanford, usaron Internet y el boca a boca para localizar a personas que comparten un tipo de sinestesia sorprendentemente similar: todos ellos relacionan letras con el mismo color. Según recuerdan, diez de los once consultados, tenían en su infancia un juego de letras del alfabeto de colores llamativos que eran imanes.

Los resultados proporcionan una nueva forma de ver la sinestesia: el producto de la hiperexcitabilidad regional en el cerebro, de acuerdo con los investigadores.

Estos datos proporcionan un marco a nuestra comprensión de las diferencias individuales en la percepción. «Tendemos a asumir que experimentamos el mundo del mismo modo que los demás, pero la sinestesia es un claro ejemplo de colectivos que perciben el mundo de una manera fundamentalmente distinta», señala Devin Blair Terhune, de la Universidad de Oxford. «La mayoría de las personas no tienen experiencias conscientes de color cuando miran números, letras y palabras, como le ocurre a los sinestésicos. Estudiarlas puede arrojar luz sobre los mecanismos cerebrales que subyacen a la percepción consciente.»

El equipo de Terhune, dirigido por Roi Cohen Kadosh, descubrió que la gente normal precisa una estimulación magnética de su corteza visual hasta tres veces mayor que los sinestésicos para experimentar fosfenos, unos destellos transitorios que pueden provocarse alterando la visión (puedes comprobarlo: presiónate con los dedos tus párpados cerrados, y verás fosfenos). «Estamos sorprendidos por la magnitud de la diferencia —asegura Terhune—. Los sinestésicos de nuestro estudio muestran niveles mucho mayores de la excitabilidad cortical que aquellos carentes de sinestesia. Estos resultados apuntan a un efecto muy grande que puede reflejar una diferencia fundamental entre los cerebros de las personas sin y con sinestesia.» Lo sorprendente de estos hallazgos es que, una vez identificadas las zonas del cerebro responsables y las conexiones involucradas, será posible eludir la sinestesia... o hacerla más fuerte.

De acuerdo con diferentes estadísticas, un 4% de la población mundial tiene sinestesia y la mayoría de ellos son zurdos. Con estos datos es lícito preguntarse si hay alguna ventaja evolutiva a ella. ¿Es algo que ha sobrevivido porque está asociado con una función de utilidad? ¿O es simplemente demasiado inofensiva para ser seleccionada en contra? La realidad es que pareciera que sí, que esta habilidad dota a los sinestésicos de cierta sensibilidad artística que en la sociedad es un bien muy valorado. La teoría no es extraña. Entre los sinestésicos más famosos, la mayoría son grandes artistas: el pintor Vasily Kandinsky, los poetas franceses Charles Baudelaire y Arthur Rimbaud o el músico Franz Liszt, Marilyn Monroe, Stevie Wonder, Geoffrey Rush, Vladimir Nabokov o Eddie Van Halen. El único de la lista no vinculado con el arte, aunque sí con ideas creativas, fue el físico Richard Feynman.

Parte 4

LO ARTIFICIAL
EN EL CEREBRO
DE LOS SUPERHÉROES

Que inventen ellos...

A medida que avanza nuestra comprensión del cerebro, recreando modelos, estudiando la fisiología o descifrando la acción de neurotransmisores, nos resulta más accesible (que no es lo mismo que fácil o simple) realizar un ejercicio de ingeniería inversa: aplicar esos conocimientos a la creación de un cerebro que responda a viejas preguntas y nos ayude con las que traerá el futuro.

Cuando los guionistas de cómic imaginaron personajes dotados de mentes artificiales, comenzaban a poner sobre la palestra inquietantes preguntas que pronto asomarán en nuestro horizonte: si un robot siente amor, ¿tiene algún derecho propio del ser humano? ¿Pueden llegar a dominarnos estos cerebros sintéticos, pero más avanzados? No sabemos cuánto falta para que nos demos de bruces con estos interrogantes, lo que sí sabemos son dos cosas: que lo haremos, y que no estaremos preparados cuando sean máquinas quienes nos respondan.

FORGE

Inicialmente entrenado como médico brujo, este miembro de la nación Cheyene es un superdotado que se desentiende de la mística para dar rienda suelta a su talento natural para la tecnología. Forge es un mutante capaz de percibir visualmente la energía mecánica, poder que le permite concebir, crear y desarrollar cualquier tipo de dispositivo o modificar los que ya existen para que sirvan sus propósitos. Todo esto no significa que sea un genio, aunque esté bastante cerca: la particular habilidad que posee surge de su subconsciente, algo que hace naturalmente, sin planificar.

Claro que Forge es un mutante y es imposible que los humanos logremos alcanzar tales cotas de genialidad. ¿O no?

LA MECÁNICA
DE LA GENIALIDAD

En 2008, Theodore Berger aseguraba a la revista *Scientific American* que «si en algún momento fuéramos capaces de leer los patrones cerebrales de una frase en el cerebro, podríamos hacer realidad la fantasía de subir instrucciones en nuestra mente». Fantasías apasionantes. Pero ese momento ya está aquí: concretamente situado entre la Universidad del Sur de California y la Wake Forest. Entre ambas, y dirigidas por Berger, se han acercado como nunca antes al concepto de memoria artificial.

En un novedoso estudio, los dos equipos de investigadores les enseñaron a unas ratas a hacer una tarea: podían elegir entre una pareja de pulsadores. Uno de ellos (siempre el mismo), al oprimirlo les daba un sorbo de agua. Los roedores descubrieron pronto la diferencia y únicamente pulsaban el botón dispensador. De este modo, los científicos aseguraron que un nuevo conocimiento se había memorizado en el cerebro.

Ahora empieza lo bueno: mediante un microchip insertado en el hipocampo (ese caballito de mar que ayuda a recordar dónde están las llaves, en el fondo del... cerebro), registraron los patrones eléctricos de dos áreas específicas marcadas: CA1 y CA3, que trabajan juntas para aprender y almacenar la nueva información. Una vez controlado este circuito, apagaron la región CA1 con una droga específica. A continuación diseñaron un hipocampo artificial, un pequeño circuito integrado capaz de duplicar esos patrones eléctricos entre CA1 y CA3. Al insertar el microchip en el cerebro de los roedores, aquellos cuya zona CA1 había sido bloqueada farmacológicamente, podían seguir codificando recuerdos a largo plazo. Lo más sorprendente es que en las ratas que no tenían bloqueada la región del hipocampo, el implante amplió el tiempo de duración de la memoria. Este microchip ya se está ajustando para probarse en monos y más tarde en humanos. Ahí está el primer paso para instalar nuevas memorias o conocimientos en nuestra mente.

Pero otro paso imprescindible sería *querer* conseguir esos nuevos conocimientos. Bien lo saben los padres («Si de verdad quisiera, sacaría el curso sin problemas»).

Hasta ahora, una de las claves del aprendizaje sería que quien aprende lo hace conscientemente: uno sabe que está aprendiendo algo nuevo. Sin embargo, supongamos que fuera posible adquirir un nuevo conocimiento sin saber que lo estamos haciendo. ¿Es ético? ¿Serviría para obligarnos a pensar de un modo distinto? Pues no supongamos más y empecemos a pensar qué vamos a hacer con los experimentos que han completado en sendos equipos de Estados Unidos y Japón.

Expertos de la Universidad de Boston y de los Laboratorios ATR de Computación Neurocientífica de Kyoto, han descifrado los patrones de actividad de la corteza visual de voluntarios y han inducido esos mismos patrones en otras personas para que también «vean» lo mismo.

Recurriendo a las imágenes por resonancia magnética funcional, ambos equipos registraron la respuesta del córtex visual cuando los voluntarios veían diferentes imágenes. Con ellas construyeron una suerte de diccionario en el que cada patrón correspondía a una imagen y luego mediante estimulación electromagnética (ver Magneto) incorporaron esos patrones en otras mentes. Los expertos señalan que en un futuro será posible hacer coincidir las ondas de un deportista de alto rendimiento, supongamos Fernando Alonso, con las de cualquier voluntario: de ese modo tendríamos, en cierto sentido un conocimiento similar al del piloto asturiano.

Pero lo de verdad interesante (y también capaz de producir algún escalofrío) es que este nuevo enfoque de aprendizaje funcionó incluso cuando los sujetos de prueba no eran conscientes de lo que estaban aprendiendo.

La investigación ha revelado que las regiones visuales de nuestro cerebro son lo suficientemente plásticas como para generar aprendizaje perceptivo visual, eso era más o menos esperable. Lo nuevo es que esto se puede inducir. Sucede del siguiente modo: las imágenes poco a poco se acumulan dentro del cerebro de una persona, apareciendo primero como líneas, bordes, formas, colores y movimiento. Entonces, el cerebro se llena con más detalle para hacer por ejemplo que una bola roja aparezca como una bola roja. Lo más sorprendente de este estudio —señala uno de los directores de los experimentos, Takeo Watanabe— es que «la inducción de patrones de activación neural condujeron a la mejora del rendimiento visual... sin que los sujetos fueran conscientes de lo que iba a ser aprendido». Kawato Mitsuo, coautor del estudio, también señala las implicaciones de la investigación: «Debemos tener cuidado para que este método no se utilice de una manera no ética».

DR. OCTOPUS

Centrado en los estudios por la personalidad insegura que construyó su violento padre, Otto Octavius, pronto se convirtió en un renombrado físico nuclear, inventor y especialista en investigación atómica. El culmen de sus diseños son unos brazos mecánicos que se controlan directamente con el pensamiento. Pero cuando Octavius decide probar su dispositivo, una explosión funde los brazos a su médula y las neuronas de su cerebro se reconfiguran para aceptar a los nuevos miembros... que terminan gobernando el comportamiento del científico.

La fatalidad convirtió a Octavius en un Octopus malévolo, víctima de neuronas ajenas. Pero quizá la ciencia hubiera podido evitarlo. ¿Le habría salvado un trasplante de neuronas?

EN EL REINO
DE LAS HORMONAS

Si el Dr. Otto Octavius sufriera de obesidad mórbida, los científicos demostraron que sí le habría servido ese trasplante neuronal. ¿Qué relación existe entre la obesidad y el cerebro? El vínculo es la leptina, una hormona encargada de regular el metabolismo y el peso de nuestro cuerpo. Aquellos incapaces de responder a esta hormona sufren de obesidad mórbida. Pero expertos multidisciplinares de la Universidad de Harvard, Massachusetts General Hospital, Beth Israel Deaconess Medical Center y Harvard Medical School, han trabajado con ratones mutantes que no procesaban correctamente leptina. Los científicos realizaron trasplantes neuronales y repararon los circuitos del cerebro, restaurando con ello la función cerebral. Este avance indica que en el cerebro, algunas áreas clave de los mamíferos son más reparables que se creía.

¿Cómo se trasplanta una neurona? Muy buena pregunta, que tiene una respuesta simple: con buen pulso y paciencia, pero con ayudas tecnológicas. Para colocar las células nerviosas exactamente en el sitio deseado, primero se «tiñeron» las neuronas con una proteína verde presente en las algas y luego se utilizó una técnica llamada microscopía de ultrasonido de alta resolución, que permite ubicar con precisión nanométrica dónde están las células. Más tarde se puede seguir su rastro gracias al tono «algo» verde que muestran. El resultado del estudio permitió determinar que los ratones con trasplante de neuronas tenían un 30% menos de peso que sus hermanos no trasplantados o sus coetáneos tratados con otros métodos. «El hallazgo de que estas células resultan tan eficientes en su integración con el nuevo sistema de circuitos neuronales —señala Matthew Anderson, uno de los investigadores relacionados con este trabajo en la Harvard Medical School— nos permite ser muy optimistas en cuanto a la posibilidad de aplicar técnicas similares para otras enfermedades neurológicas y psiquiátricas de particular interés para nuestro laboratorio». Y es que este trabajo abre la puerta a otro tipo de trasplantes neuronales para tratar lesiones de médula espinal, autismo, epilepsia, esclerosis lateral amiotrófica (enfermedad de Lou Gehrig), Parkinson o la enfermedad de Huntington.

La importancia de conseguir trasplantes de neuronas radica en que solo hay dos áreas del cerebro, donde se sabe que existe la llamada «neurogénesis», o formación de nuevas neuronas en el cerebro adulto: el bulbo olfativo y la subregión del hipocampo llamada giro dentado. En ambas zonas la función de la neurogénesis es «generalmente más bien pequeña y se cree que actúan un poco como controles de volumen de la expresión de las hormonas. Nosotros hemos reconectado un sistema de alto nivel en los circuitos del cerebro que no experimentan naturalmente la neurogénesis, y esta función restaurada es sustancialmente normal», según Jeffrey Macklis, de la Universidad de Harvard, y también autor de esta investigación.

En general, el gran problema de nuestro cuerpo es la apoptosis. ¿Es grave, doctor? Pues sí. Es mortal de necesidad: todas las células, incluidas las neuronas, tienen una caducidad programada. Podríamos decir que las células llevan su muerte escrita en el ADN, igual que los yogures tienen fecha de caducidad.

Cada célula solo se puede reproducir un número concreto de veces antes de llegar al límite predeterminado biológicamente. Si esto no ocurre, es decir, si hay alguna mutación extraña que impide la apoptosis, la célula muta y se convierte en una conocida archienemiga: una célula cancerosa. Sin embargo, un estudio reciente realizado por el neurocientífico Lorenzo Magrassi, de la Universidad de Pavía, demuestra que las neuronas de mamíferos no están sujetas a ese tipo de envejecimiento. Pero lo más sorprendente del hallazgo es que cuando se trasplantan a un organismo más longevo, las neuronas seguirán viviendo mucho después de la fecha de caducidad esperada. La vida útil máxima de estas células del cerebro no se conoce todavía, pero el descubrimiento de Magrassi podría tener serias implicaciones para el tratamiento de enfermedades neurodegenerativas.

Para obtener este resultado, Magrassi realizó un experimento que se destaca por su creatividad. El científico italiano introdujo una microaguja de vidrio en ratonas preñadas para obtener células del cerebro del embrión. Luego las tiñó de verde con la conocida proteína fluorescente de alga (GFP). A continuación, este Frankenstein moderno hizo algo arriesgado: trasplantar las células de ratón en ratas. El dato es importante, porque revelará en qué medida existen piezas de cerebro intercambiables entre distintas especies.

Resultado: las células originales mantuvieron su esencia (continuaban siendo células de ratón), pero se comportaron sin problema como si fuesen de rata. Normalmente, las neuronas mueren una vez el ratón alcanza los dieciocho meses, que es el promedio de vida en este roedor. Las ratas en cambio viven el doble. Por tanto, si las ocupas ratoniles superan la marca del año y medio cuando están metidas en una rata, el experimento probaría su utilidad. O su fracaso.

Redoble de tambor: se cumplen los dieciocho meses y... las neuronas de ratones siguen funcionando con normalidad, y así se mantuvieron hasta que murió el huésped al cabo de otros dieciocho meses. Un éxito que hizo asegurar a Magrassi que «en ausencia de condiciones patológicas a nivel neuronal la duración de las células solo está limitada por la duración máxima del organismo». Es decir, no hay un reloj genético predeterminado. Esto desafía varias nociones que hasta ahora creíamos sólidas.

La pregunta obvia y necesaria es: dado un cuerpo sano, ¿cuánto tiempo pueden estas neuronas seguir viviendo? Magrassi y sus colegas no tienen aún una respuesta, pero sí saben que aquí se encuentra una clave para el desarrollo de terapias que traten el Alzheimer, el Parkinson y otras enfermedades neurodegenerativas... ¿Le habrían servido al Dr. Octopuss?

CYBORG

En el reino del cómic, cuando algo puede salir mal, generalmente sale muy mal. Así es la historia de Victor Stone, el hijo de dos científicos que trabajan en proyectos relacionados con el aumento de inteligencia. Los tratamientos funcionan y Victor resulta bendecido con un intelecto privilegiado. Sin embargo, como haría cualquier joven que súbitamente se transforma en genio, desatiende su formación y termina juntándose con compañías poco recomendables. Todo empeora de un modo imprevisible cuando Victor visita el laboratorio de sus padres mientras completan un experimento de viajes interdimensionales. Aparece entonces un bicho gelatinoso venido de un universo paralelo, que se cuela en el nuestro, mata a la madre de Victor y mutila al chico. En el último minuto, su padre logra enviar al monstruo de regreso y, para salvar a su hijo, le trasplanta unas prótesis de alta tecnología en las que estaba trabajando... cosa que Victor no agradece mucho inicialmente.

HÁGALO CON
SUS PROPIAS MANOS...
AUNQUE NO SEAN SUYAS

Seguramente los guionistas de Victor ni siquiera llegaron a fantasear
con Max Ortiz Catalan y sus avances. Este científico de la Universidad
Tecnológica de Chalmers, en Suecia, ha desarrollado una técnica para
implantar brazos robóticos controlados por el pensamiento. La novedad es que los electrodos se conectan directamente a los huesos y nervios de los amputados, un avance que Ortiz define como «el futuro de
la prótesis». En una entrevista a la revista *Wired*, el científico asegura
que para quienes utilicen esta técnica, «los beneficios no tienen prece-
dentes. Van a ser capaces de controlar simultáneamente varias articu-
laciones y movimientos, así como recibir retroalimentación neural
directa sobre sus acciones. Estas características no están disponibles
en la actualidad para los pacientes fuera de los laboratorios de investigación y nuestro objetivo es cambiar eso». La prótesis mioeléctrica
habitual funciona con electrodos sobre la piel, que captan señales nerviosas enviadas normalmente desde el cerebro a la extremidad. Después, un algoritmo traduce las señales y envía instrucciones a los

motores dentro de la prótesis. Dado que los electrodos se aplican a la superficie de la piel, el traspaso de información de ida y vuelta entre el cerebro y la extremidad no siempre es fluido. Al implantar los electrodos directamente en los nervios del paciente se consigue una mayor eficiencia para replicar el movimiento natural de las prótesis robóticas.

Este método está inspirado por Per Ingvar Branemark, también de Chalmers, quien fue el primero en descubrir que el titanio puede fusionarse con el tejido óseo.

El trabajo también se hace eco de otra innovación, esta vez del Centro de Medicina Biónica de Chicago. A finales de 2012, Zac Vawter fue capaz de subir 103 tramos de escaleras con su pierna biónica, que utiliza una técnica similar, llamada reinervación dirigida muscular (TMR), en la cual los nervios amputados se conectan directamente al músculo restante, de manera que puedan proporcionar señales adicionales a un microprocesador incorporado en la extremidad.

Cada cual espera recordar el mundial de fútbol de 2014 porque la selección de su país se consagre como campeona, pero puede que otro hito memorable le robe protagonismo. Miguel Nicolelis, especialista en neuroprótesis de la Universidad Duke, está diseñando un exoesqueleto junto a Gordon Cheng, de la Universidad Técnica de Múnich. Gracias al invento, un niño de Walk Again Project (Proyecto Camina Nuevamente) podrá dar el puntapié inicial en el primer partido de la Copa del Mundo.

El elegido (o la elegida) llevará un traje especial que no solo facilita su movimiento, sino que también le permitirá sentir el suelo al incorporar sensores de tacto y de equilibrio, capaces de transmitir la información en 300 milisegundos.

Para probar la fiabilidad de esta tecnología, Nicolelis y Cheng realizaron un experimento con Idoya, una chimpancé. El estudio era sencillo: Idoya, en Estados Unidos, estaba conectada a un dispositivo que registraba su actividad cerebral y la enviaba por Internet hasta Japón, y más concretamente a un robot cariñosamente llamado CB1. Simio y robot, cada cual en su país, se encontraban sobre una cinta sin fin como las del gimnasio. Apenas Idoya comenzó a caminar por la cinta, el CB1 siguió sus pasos. Lo extraordinario es que cuando la cinta detuvo su marcha, Idoya siguió controlando los movimientos del robot a distancia y casi instantáneamente.

Este tipo de experimentos demuestra que las interfaces cerebro-máquina podrían hacer posible manipular máquinas enviadas a ambientes que un ser humano jamás será capaz de visitar. Esto puede «llevarnos» a otro planeta para explorarlo, pero también meternos en rincones inaccesibles de nuestro propio mundo, como el interior de la Tierra.

ULTRA-HUMANIDAD

Es casi desconocido en la escena criminal del cómic, pero este veterano realmente fue el primer adversario de Superman, su némesis exacta: una mente brillante en un cuerpo paralizado.

El cerebro privilegiado de Ultra-Humanidad hace que sea muy difícil derrotarlo. El superhéroe kriptoniano solo vulnera su físico mientras la mente del villano va pasando de un cuerpo a otro (de ahí su nombre), recurriendo por ejemplo a la anatomía de una actriz o a la de un gorila albino (un minuto de silencio por *Copito de Nieve*). Esto nos lleva a preguntar si el trasplante de cerebros es solo un recurso de la ciencia ficción o una verdadera posibilidad...

UN HOMBRE
A UNA CABEZA PEGADO

Dejemos aparte los relatos de santos que obraban trasplantes milagrosos de piernas gangrenadas. Ignoremos también los experimentos realizados en animales. Con esto, la historia de los trasplantes comenzó a finales del siglo XIX cuando el suizo Peter Kocher consiguió el primer gran éxito al trasplantar una glándula tiroidea. Hasta ese momento, los pasos iniciales fueron dubitativos y lentos. El gran salto se dio durante la II Guerra Mundial, cuando el teniente Richard H. Hall, médico de la marina, propuso un método para trasplantes de brazos humanos. El momento era propicio: por un lado la penicilina y otros antibióticos permitían prevenir la pérdida de las extremidades trasplantadas debido a la infección. Y por otro había una necesidad real (y suministro material) debido a las heridas de los soldados. Hall propuso que las bajas civiles o militares fueran utilizadas como donantes. Sus investigaciones en este campo permitieron que en 1964 se consiguiera el primer trasplante de mano humana, pero fracasó después de dos semanas, cuando la extremidad fue rechazada por el destinatario. No fue sino hasta 1998 cuando un trasplante de mano se llevó a cabo con éxito. Y fueron necesarios diez años más para llegar al primer trasplante exitoso de brazo. En la actualidad, prácticamente cualquier órgano del cuerpo humano se ha trasplantado con buenos resultados… excepto el cerebro. ¿A qué se debe esto? ¿Hay una imposibilidad médica o ética…?

Más allá de la fantasía de almacenar un órgano en formol, ahuecar un cráneo y volver a plantarle unos sesos como si de un esqueje se tratase, hay situaciones en las que este tipo de logro sería deseable. Aquellas personas que han sufrido un accidente o padecen alguna enfermedad neurodegenerativa, seguramente desearían tener neuronas cervicales nuevas o que les trasplantaran partes sanas del tronco cerebral. Ya hemos visto que existe la tecnología para hacer esto con neuronas, ¿podría entonces hacerse con regiones del cerebro al menos? Para Robert White no es descabellado. Este cirujano de la Universidad Wester Reserve fue muy conocido hace unos cuarenta años, cuando trasplantó la cabeza completa de un mono Rhesus a otro animal de la misma especie. El híbrido, aunque vivió solo ocho días, mostró signos de conciencia. Pero desde entonces nadie ha osado adentrarse mucho más en este campo. Para White, el trasplante de cerebro sería en realidad de cuerpo entero: un cerebro no puede funcionar sin todas las conexiones que van desde la cabeza al cuerpo y para no llamarlo trasplante de cabeza, que da un poco de yuyu, se decidió por esta opción menos *gore*.

«Es algo que está en nuestro futuro», asegura White. Si tenemos en cuenta que este campo es nuevo para el ser humano, en términos científicos, y si consideramos que ya hemos alcanzado un logro como el trasplante de cara (léelo nuevamente. Piénsalo un segundo para asimilar su significado), entonces no podemos descartar la posibilidad de que algún día existan donantes de cerebro. Tony Atala, director del el Instituto Wake Forest de Medicina Regenerativa y líder de uno de los principales laboratorios del mundo en ingeniería de tejidos, lo tiene muy claro: «Como científico, nunca digas nunca jamás, porque no podemos saber lo que estará dentro del reino de la posibilidad dentro de unos siglos».

CÍCLOPE

Scott Summers es hijo de El Corsario y en su familia nadie es normal. Desde niño, Scott tiene el poder de aniquilar intencionadamente todo lo que mira, usando un rayo de violencia que sale de sus ojos. Desde luego, hay miradas que matan. Literalmente.

La vida de Scott como superhéroe comenzó pendiendo de un hilo: mientras la familia volaba sobre Alaska, el avión pilotado por El Corsario resulta atacado por una nave alienígena. Como solo hay un paracaídas, el progenitor se sacrifica y obliga a los niños a saltar juntos, esperando que se salven. Al ser su primera vez, Scott no puede controlar correctamente el aterrizaje y se golpea la cabeza, lo que le despierta el superpoder. A partir de ese momento, sus amigos lo mirarán con otros ojos. Y viceversa.

OJO A LA MIRADA INTERIOR

¿Por qué hablar de los ojos cuando esto es un libro de cerebros? Aunque resulte sorprendente, la retina y el nervio óptico se originan directamente cuando el cerebro está desarrollándose. Además, están compuestas de tejido cerebral. Por tanto, podría decirse que el ojo es una parte más del cerebro. De hecho, se integra en el Sistema Nervioso Central (SNC). La función del nervio óptico es enviar las señales desde la retina hasta las áreas visuales del cerebro, donde se interpretan como imágenes. Tiene una longitud de entre 2,7 y 5 cm y su grosor máximo no llega a los 5 mm. Aun así, en ese espacio reducido se agrupan millones de fibras nerviosas encargadas de enviar mensajes. Igual que una fibra óptica. Por ello es tan complejo conseguir un trasplante de un ojo completo. Pero puede que haya otras soluciones.

Deber haber momentos en que los científicos sienten un hormigueo en el estómago: cuando saben que van a descubrir algo distinto, cuando una revolucionaria tecnología abre otras puertas o cuando tienen que explicarle al director del programa que van a pegar ojos en la cola de un renacuajo.

Investigadores de la Universidad Tufts pasaron un año colocando los diminutos ojos de embriones de renacuajos en sus colas con el objeto de comprobar si aún así, sin una conexión directa entre ojo y cerebro, la naturaleza se las arreglaría para establecer comunicación nerviosa viable entre ambos extremos. La respuesta es que el cerebro y la médula espinal parecen ser mucho más flexibles de lo que pensábamos. Cuando aún estaban en fase de desarrollo embrionario, estos científicos injertaron los globos oculares con éxito en más de doscientos embriones de renacuajos ciegos. Una vez completada esta etapa, los anfibios fueron colocados en una pecera iluminada mitad con una luz roja y mitad con una azul, zonas que se invertían a intervalos regulares. Durante diferentes sesiones de entrenamiento, cada vez que los renacuajos nadaban por la zona roja recibían una pequeña descarga de advertencia. De todos los renacuajos estudiados, siete aprendieron pronto a identificar la luz roja con algo desagradable y a huir de ella. ¿Por qué solo siete de los doscientos? El estudio posterior reveló el motivo: en algunos renacuajos, los nervios no había crecido del todo. Alrededor de una cuarta parte de los implantes habían conseguido que los nervios se extendieran, pero terminaron en el estómago de los renacuajos. Solo aquellos que lograron conectar con la médula lograron ver el peligro en la luz roja. Gracias a esta prueba, los expertos demostraron que las neuronas de la médula espinal son capaces de suplantar al cerebro en algunas de sus tareas, algo que permite especular con la posibilidad de utilizar este tipo de «inteligencia medular» para tratamientos médicos, como la restauración de movimiento a miembros paralizados.

Claro que no todos querrán tener ojos donde lo que hay que ver no es agradable, y si este tipo de terapias no llega a buen puerto, siempre quedará la opción de recurrir a la tecnología. Recientemente una mujer ha recuperado en parte su vista gracias a un prototipo de ojo biónico.

La mujer biónica existe. Vive en Australia y se llama Dianne Ashworth. Debido a una dolencia degenerativa conocida como retinitis pigmentosa, Dianne sufrió una pérdida severa de la visión. Gracias a un trasplante realizado en el Hospital de Ojos y Oídos Royal Victorian, pudo recuperar parcialmente la vista. Pese a que el ojo biónico solo es capaz de ofrecer a los pacientes la visión de contrastes y los límites de objetos en blanco y negro, constituye un paso inicial que les permite recuperar su independencia. Pero pronto llegarán más. De acuerdo con David Penington, de Bionic Vision Australia, la empresa que diseñó la prótesis: «Este tipo de dispositivos permitirán una visión más compleja de lo que nos rodea». Es una tecnología que podría beneficiar a 39 millones de personas de todo el mundo que son ciegas y a 246 millones que tienen poca visión.

Investigadores del Centro RIKEN de Biología del Desarrollo, en Japón, han desarrollado lo que podríamos llamar un «ojo embrionario», a partir de una estructura similar a la retina y utilizando células madre embrionarias de ratón. Esta retina posee una capa de pigmentos que contienen células, junto a otra capa de células nerviosas con una configuración muy similar a la de la retina normal. Los científicos aún no saben si el funcionamiento es el correcto y si un trasplante de este calibre puede tener éxito, pero aún en el peor de los casos, si esta estructura resulta inviable para un trasplante, siempre servirá como modelo para comprender el desarrollo de la retina, cómo le afectan las enfermedades y utilizarse además como diana de prueba para distintos medicamentos.

DEATHLOCK

Luther Manning es un militar que, al ser herido gravemente en el campo de batalla, se somete a un tratamiento extremo a manos del científico Simon Ryker. El coste para salvarlo implica quedar transformado en un *ciborg*. Apenas despierta, Luther reniega de su identidad, huye de su creador y busca recuperar su lado humano. Pese al cambio que ha sufrido, el *ciborg* no es un robot. En cierto sentido su inteligencia ha sido aumentada informáticamente, lo cual le da la capacidad para conectarse a cualquier ordenador y *hackear* todo tipo de red para volcar en ella sus pensamientos y conciencia. ¿Llegará un microchip a darnos esos poderes?

APRENDA SIN ESTUDIAR, Y NO ES UN ANUNCIO DE TELETIENDA

Aunque no lo sepas, convives con ejemplos de inteligencia artificial: los filtros de correo basura, los programas de conducción de vehículos no tripulados o los buscadores de páginas *web* son un muestras cotidianas: todos ellos son sistemas que toman decisiones independientes y además aprenden de los resultados. Pero lo hacen utilizando algoritmos, no procesos neurológicos. Esto requiere enormes cantidades de datos programables que llevan mucho tiempo de diseño detrás. La meta del sector de investigación de conceptos avanzados del ejército estadounidense, DARPA, pretende ir un paso más allá enseñando a los ordenadores a aprender por sí mismos. Por ello ha anunciado un nuevo programa para financiar la investigación en lenguajes de programación probabilísticos que, a diferencia de un programa tradicional, pueda moverse hacia atrás y hacia delante, establecer relaciones entre los datos y encontrar mejores explicaciones. En esencia, un programa probabilístico que aprende y evoluciona, un paso más en Deep Blue, la máquina de IBM que venció a las mentes más claras en el juego de ajedrez.

Uno de los beneficiarios de esta tecnología será Google, quien ha contratado a Ray Kurzweil —autor de *La singularidad está cerca*— para ayudar a construir un sistema rival de Siri (la aplicación de Apple que funciona como asistente personal utilizando procesamiento del lenguaje natural para responder preguntas). ¿Por qué el ejército destinaría fondos a investigar este tipo de inteligencia? Básicamente, para que nadie lo obtenga antes que ellos y así puedan crear un ente capaz de razonar, evolucionar y pensar por adelantado todas las posibles decisiones y sus consecuencias. Y aprender de ellas. Mucho más de lo que piensas.

De acuerdo con un proyecto de la Universidad Nacional de Singapur, sería posible dotar a un robot de un sentimiento propio de los seres vivos: el amor. El proyecto es dar a los seres artificiales todas las herramientas sentimentales y biológicas que tenemos los humanos en este aspecto. Si reducimos esta emoción hasta su expresión puramente química, el amor es fácilmente imitable. Basta con ecualizar las hormonas adecuadas llevándolas a los niveles precisos. Lo que pretenden los investigadores de Singapur es preparar hormonas artificiales (dopamina, serotonina, oxitocina, endorfina) para luego explorar otros sentimientos que fortalezcan la relación humano-robot, como el aburrimiento, los celos, el enfado o la felicidad. Pese a que están consiguiendo notables avances y el autómata ya comienza a responder a ciertos estímulos afectivos, no se acerca ni por asomo a lo que hace Simon.

En el laboratorio de tecnología de la Universidad de Georgia, la especialista Andrea Thomaz, le está enseñando a su robot a aprender por sí mismo. Bastan algunas instrucciones y muy pronto Simon comienza a hacer preguntas: «¿Puedo empezar por aquí?» «¿Es correcto de este modo?». De acuerdo con Thomaz, «la idea es que le digamos algo, que haga algunas preguntas, proporcionarle un par de ejemplos, y luego que él mismo construya su propio un modelo». El objetivo es que Simon realice cualquier tarea cotidiana pero sin necesidad de ser enseñado por un algoritmo complejo, sino por instrucciones sencillas. Las lecciones incluyen desde limpiar la mesa hasta clasificar objetos por color. Al final bastará decirle al robot cuál es el resultado a obtener, para que luego él actúe tomando sus decisiones, según concluye Thomaz. Simon, en breve, podría formar parte de un batallón de seres inteligentes que colaboren con el cuidado de personas mayores.

Otro ejemplo de inteligencia artificial es el nuevo programa informático que está implementando la NASA en el explorador mecánico Curiosity, enviado a Marte. Debido a las distancias, la información que nos llega desde el planeta rojo tiene unos quince minutos de retraso. En estas circunstancias, si Curiosity se dirige hacia un peligroso barranco, darle la orden de cambio el rumbo consumiría media hora, entre ida y vuelta. Demasiado tarde para evitar la catástrofe de tirar a un hoyo varios millones de dólares. Más sofisticado aún: ¿es interesante ese trozo de roca que hay unos metros más allá? Si alguien no toma una decisión rápida, el pedrusco que contenía evidencias de vida en Marte podría quedar atrás. Por todo ello, la agencia espacial estadounidense ha diseñado un nuevo *software* que le permitirá a Curiosity decisiones autónomas como la localización de rocas prometedoras, sin esperar que alguien le de instrucciones. Esto acelerará de manera notable la exploración planetaria. El nuevo programa utilizará un sistema automatizado de captura de imágenes fotográficas que le permita evaluar el posible interés de la muestra en base a datos que posee. De este modo, cuando el robot detecte algo presuntamente valioso, no será necesario que los expertos pasen por el arduo proceso de comprobar las imágenes, compararlas, discutir su relevancia y enviarle instrucciones.

BATGIRL

En el universo de los superhéroes, al menos siete personajes llevan ese nombre, pero de quien hablamos en este caso es de Barbara Gordon. La consorte alada del Caballero Oscuro es objeto de las malintencionadas atenciones de Joker, quien durante una de sus correrías le produce una lesión en la columna y la confina en una silla de ruedas... al menos hasta el siguiente capítulo, en el cual se la ve caminando como si nada hubiera ocurrido. ¿La explicación? Batgirl ha recibido un implante neuronal que le permite volver a ponerse en pie. Algo no tan extraño, como veremos.

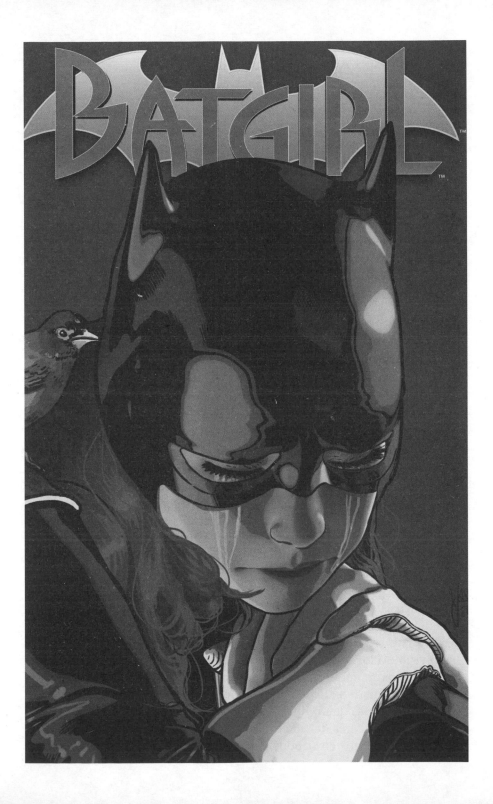

AQUÍ RADIOCEREBRO EMITIENDO DESDE SU DIAL

Investigadores de la Universidad de Brown han desarrollado un sensor que puede implantarse en el cerebro y transmitir datos neuronales a un receptor externo. Además, el juguete viene con sistema inalámbrico y cargador de baterías. De momento ha funcionado muy bien en monos y cerdos, pero podría eventualmente permitir a los humanos controlar dispositivos externos con sus pensamientos

El objetivo del proyecto es desarrollar un dispositivo de interfaz neuronal, que ayude a superar limitaciones físicas, por ejemplo, a víctimas de amputaciones, lesiones de la médula espinal o a aquellos que sufren una enfermedad neuromotora grave, como el Parkinson. Para ello, el profesor David Borton y su equipo construyeron un módulo herméticamente sellado que, una vez se implanta, puede recargarse con una fuente de energía externa. Básicamente se trata de una radio de cerebro, que transmite a tiempo real 24 Mbps mediante frecuencias de microondas que llegan a un receptor remoto, situado a un metro de distancia. Esto permite una especie de telequinesis tecnológica que, en primera instancia, facilitará la vida de personas con discapacidad. Las aplicaciones pueden ser, por ejemplo, mover una silla de ruedas, cambiar de canal el televisor o reclinar la cama… con solo pensar en ello. Para Borton esta es solo la versión inicial, ya que también se podrían servir de esta tecnología operarios de fábricas que trabajen con sustancias peligrosas u otros científicos que quieran obtener muestras en lugares de acceso difícil o con riesgo. Tras las pruebas favorables en cerdos y monos, pronto comenzarán los ensayos con humanos.

Métetelo en la cabeza: hay pocos límites para estas tecnologías. Científicos de la Universidad de Duke en Carolina del Norte han creado un «sexto sentido», mediante un implante en el cerebro, a través del cual se puede detectar la luz infrarroja. Aunque este tipo de luz es invisible a los ojos de la mayoría de los animales, los investigadores se sirvieron del mismo método que permite mover con el pensamiento un cursor en la pantalla del ordenador, y lo aplicaron a ratones para dotarles de un nuevo sentido. Lo que se hizo fue implantar electrodos en el área del cerebro responsable del sentido del tacto de los roedores. Estos electrodos, sensibles a la luz infrarroja, estaban programados para estimular el cerebro y que este pudiera traducir las imágenes. Funcionó correctamente.

Con un sistema similar es posible también crear un dispositivo que permita la visión en ultravioleta. La biomedicina, la genética y hasta la comprobación de billetes falsos se verían beneficiadas por este tipo de avances.

Una de las grandes dificultades para los implantes neuronales, en general, es su tamaño y la necesidad de una fuente de energía externa. Rahul Sarpeshkar, investigador del MIT, podría haber solucionado esto último al desarrollar una pila de combustible que podría alimentar pequeños implantes neuronales con la misma fuente de energía que el cerebro: la glucosa. Se trata de una célula de combustible que rompe la molécula los carbohidratos igual que lo hace el cuerpo. Esta innovación abre la puerta a una nueva generación de dispositivos alimentados con azúcar. El proyecto de Sarpeshkar fue creado precisamente pensando en implantes cerebrales. Si bien la potencia que genera no es mucha, hasta 180 microvatios por centímetro cuadrado como máximo, es más que suficiente: unos modestos 3,4 microvatios son suficientes para activar algunas células clave.

Benjamin Rapoport, quien también trabajó en el proyecto, señala que aún están en fase de prueba: «Va a ser necesario esperar unos cuantos años más antes de ver a las personas con lesiones en la médula espinal recibir estos implantes», concluye. Pero con su llegada, la restricción del tamaño y el peso pasan casi a segundo plano.

El mapa humano: un glosario de juglares

Todo lo que somos como especie, como sociedad y como individuo, está dibujado entre pliegues y regiones por las que viaja nuestra condición humana. Cada una de estas regiones gobierna, no de modo exclusivo pero sí con mano firme, aquellas características que nos definen: el lenguaje, el talento (o no) en cualquier disciplina, la genialidad, el amor y aún el odio.

Sabemos la importancia de cada área gracias a personas que han sufrido lesiones en ellas y han visto mermadas ciertas capacidades precisas: una lesión en el área de Broca, por ejemplo, produce una merma en el lenguaje. Uno a uno, estos pequeños feudos habitados por miles de millones de habitantes —las neuronas— se envían mensajes a través de heraldos —las hormonas— que regulan también nuestro comportamiento. Conocer a cada uno de ellos permite recorrer las rutas más antiguas de la especie hhumana y trazar el camino que nos lleva desde nuestro origen hacia el futuro. Un futuro en el que es posible que lleguemos a influir.

Probablemente no estén aquí todos los feudos de nuestro pensamiento, ni siquiera la totalidad de sus juglares, pero sí es una guía para saber ubicarse, un mapa que se ha ido modificando a lo largo de millones de años de evolución y nos ha traído hasta aquí.

Áreas y sistemas del cerebro

Amígdala: parte del sistema límbico. Involucrado en las emociones y la agresividad.

Área de Broca: lenguaje.

Área de Wernicke: se complementa en el procesamiento auditivo del lenguaje con el área de Broca.

Cerebelo: coordina los movimientos musculares finos y el equilibrio.

Córtex (corteza cerebral): capa externa y replegada del cerebro, donde se concentran las sinapsis neuronales que permiten las funciones más sofisticadas de la inteligencia. El córtex puede dividirse funcionalmente en lóbulos.

Cuerpo calloso: puente de fibras que conecta la información entre ambos hemisferios.

Formación reticular: grupo de fibras que se ocupa de la información relacionada con el sueño y el despertar, el movimiento cardiovascular y el desencadenamiento del vómito.

Giro dentado: interviene en la regulación de la memoria.

Glándula pituitaria: directora de orquesta del resto de las glándulas endocrinas.

Hipocampo: involucrado en el aprendizaje y la memoria.

Hipotálamo: regula las necesidades básicas como el hambre, el frío, la sed y el control de la temperatura.

Ínsulas: núcleos de cada hemisferio.

Lóbulos: partes de la corteza cerebral con diferentes funciones. Las principales divisiones son lóbulo frontal (relacionado con el pensamiento racional, resolución de problemas, lenguaje, emociones y motricidad), lóbulo parietal (tacto, temperatura, presión, dolor), lóbulo occipital (producción de imágenes) y lóbulo temporal (reconocimiento facial, oído, olfato, equilibrio y coordinación. Además modula emociones ligadas a las amígdalas).

Núcleo *accumbens*: tiene un alto grado de implicación como centro del placer, la recompensa, la risa y las adicciones.

Núcleo caudado: memoria y aprendizaje. También interviene en las recompensas.

Sístema límbico: regula estados de ánimo primarios.

Tálamo: se encarga de las señales sensoriales externas, canalizándolas hacia otras áreas.

Telencéfalo: responsable del aprendizaje, la consciencia, la emoción y los movimientos voluntarios.

Ventrículos: cavidades llenas de líquido cefalorraquídeo.

Hormonas

Adrenalina y noradrenalina: es la Denominación Común Internacional (DCI) para la epinefrina y norepinefrina (ver más adelante).

Andrógeno: aumenta la libido en mujeres.

Corticotropina: estimula la secreción de hormonas del córtex adrenal.

Cortisol: incrementa la resistencia al estrés y los niveles de glucosa en sangre. Disminuye las respuestas inmunitarias e inflamaciones.

Dopamina: aumenta la presión arterial y el ritmo cardíaco. También el humor y el placer. Pura droga.

Endorfina: relacionada con el (buen) humor.

Epinefrina y norepinefrina: desencadenan la respuestas de ataque o huida durante momentos de estrés.

Estrógeno y progesterona: estimulan el desarrollo de los caracteres femeninos y ayudan a regular el ciclo menstrual.

FSH (hormona estimulante del folículo): estimula la producción de oxitocina y la secreción de estrógeno. Regula el desarrollo de esperma y estimula el desarrollo de los caracteres masculinos.

GABA (ácido gamma-aminobutírico): calmante natural.

Grelina: venganza y hambre.

hCG (gonadotropina humana coriónica): mantiene los niveles de estrógeno y progesterona durante el embarazo.

hGH (hormona de crecimiento humano): estimula la secreción de hormonas que contribuyen al crecimiento corporal.

Leptina: regula el apetito y la obesidad.

LH (hormona luteizante): desencadena la ovulación y estimula la secreción de estrógeno y progesterona y también de testosterona.

Melatonina: regula el reloj biológico. Está vinculada a la percepción de luz/oscuridad (día/noche).

Oxitocina: estimula la secreción de leche, las contracciones del cérvix. También está implicada en la construcción de los lazos sociales y en el orgasmo.

Prolactina: relacionada con la leche y el vínculo maternos.

Serotonina: regula el humor, el sueño y el apetito. También la empatía y la moral.

T3 y T4: síntesis de proteínas y desarrollo del sistema nervioso

Testosterona: estimula la producción de esperma.

TSH (hormona estimulante del tiroides): activa la secreción de hormonas tiroideas.

Vasopresina: interviene sobre la ansiedad, tensión y vínculos emocionales.

PARA TERMINAR

El increíble cerebro que se salía de su caja

Estimado lector, estimada lectora:

Si en tu mente se ha activado alguna zona reservada a la curiosidad, si ha habido descarga de neurotransmisores dedicados al asombro, si se han afianzado sinapsis concretas con aprendizajes valiosos… y si todo eso te ha tocado alguna fibra sensible alrededor de las amígdalas, entonces el libro que estás a punto de cerrar habrá cumplido su misión.

Resultaría presuntuoso por nuestra parte creer que lo que has leído puede cambiar la plasticidad de tus neuronas de manera trascendente. Bastará con que hayas pasado un buen rato con chispazos rondándote la cabeza. Pero ojalá esos mínimos estímulos te sirvan para dar un paso más y hacer que tu cerebro se comporte como el de los muchos científicos que han desfilado por estas páginas: planteando hipótesis, diseñando experimentos para ponerlas a prueba y generando explicaciones nuevas cuando la obstinada realidad niega las teorías.

Para ese viaje debes «salirte de la caja», como atinadamente formulan en el mundo anglosajón: pensar sin esquemas preconcebidos; contemplar el cuadro, su marco y lo que le rodea; verlo desde otra perspectiva. Es también examinar el todo, las partes y sus relaciones. Entonces podrá brotar el «¡ajá!» o «¡eureka!», esa rara onomatopeya que produce la inteligencia cuando ha logrado conectar lo aparentemente inconexo.

En el capítulo dedicado a la superinteligencia se mencionaba el reto de unir nueve puntos con un máximo de cuatro trazos quebrados. Es un ejemplo concreto en el cual se activan conexiones creativas para descifrar el enigma «saliéndose de la caja».

Aquí tienes dos soluciones al reto de los nueve puntos. ¿Lo ves? Nadie pidió que te mantuvieras dentro del marco inexistente que ciñe a los puntos:

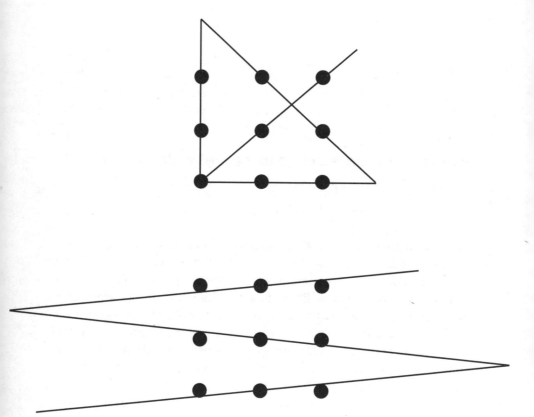

Ahora cierra el libro, abre la puerta y sal ahí fuera. Es donde podrás encontrar respuestas a tus preguntas particulares.

Manuel Cuadrado y Juan Scaliter

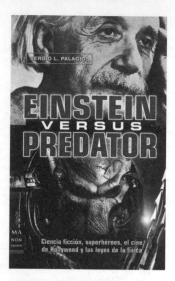

EINSTEIN VS PREDATOR
Sergio L. Palacios

Pocas personas acuden a una sala de cine con la pretensión de desentrañar los misterios científicos que se ocultan tras las espectaculares escenas de una película de ciencia ficción: las hazañas increíbles y sobrehumanas de los superhéroes, los vertiginosos viajes de naves espaciales equipadas con armas devastadoras y sistemas de defensa futuristas, máquinas del tiempo fantásticas, etc. Sin embargo, unas pocas de esas mismas personas, entre las que se encuentra el autor de este libro, deciden ir más allá y plantearse las posibilidades reales de las ideas propuestas por los guionistas de Hollywood.

LA GUERRA DE DOS MUNDOS
Sergio L. Palacios

En este libro, el profesor universitario Sergio L. Palacios recorre los intrincados recovecos de la física de una manera amena, divertida, diferente y, sobre todo, original. Sin hacer uso en absoluto de las siempre temidas ecuaciones (solamente aparece, y en una única ocasión, la célebre $E = mc2$ en todo el texto) y mediante el empleo de un lenguaje moderno, claro y sencillo en el que abundan los dobles sentidos y el humor, el autor aborda y analiza con la ayuda de películas de ciencia ficción todo tipo de temas científicos, muchos de ellos de gran actualidad, como pueden ser el tele-transporte, la invisibilidad, la antimateria, los impactos de asteroides contra la Tierra, el cambio climático y muchos más.

PELÍCULAS CLAVE DEL CINE DE SUPERHÉROES
Quim Casas

Trazar un mapa del cine de superhéroes no es tarea fácil. Algunos personajes de esta modalidad no tienen poderes especiales, caso de uno de los más significativos, Batman, pero ello no es obstáculo para que representen a la perfección su mitología y sus dualidades. Sin héroe no hay villano, y sin villano no tendría sentido alguno la existencia del héroe, y sobre esta idea han girado no pocas películas. Esto es lo que pretende el presente libro, trazar ese mapa y que sea lo más panorámico y riguroso posible.